中级物理实验

主　编　徐世峰

副主编　王　珩　马　佳

U0953128

东北大学出版社

·沈　阳·

© 徐世峰 2021

图书在版编目（CIP）数据

中级物理实验 / 徐世峰主编. — 沈阳 ：东北大学出版社，2021.6

ISBN 978-7-5517-2697-9

Ⅰ. ①中… Ⅱ. ①徐… Ⅲ. ①物理—实验 Ⅳ. ①O4-33

中国版本图书馆 CIP 数据核字(2021)第 120455 号

出 版 者：东北大学出版社

地址：沈阳市和平区文化路三号巷 11 号

邮编：110819

电话：024-83680182(总编室)　83687331(营销部)

传真：024-83680182(总编室)　83680180(营销部)

网址：http://www.neupress.com

E-mail: neuph@neupress.com

印 刷 者：沈阳海世达印务有限公司

发 行 者：东北大学出版社

幅面尺寸：185 mm×260 mm

印　　张：9.75

字　　数：219 千字

出版时间：2021 年 6 月第 1 版

印刷时间：2021 年 6 月第 1 次印刷

组稿编辑：张德喜

责任编辑：郎　坤

责任校对：刘新宇

封面设计：潘正一

责任出版：唐敏志

ISBN 978-7-5517-2697-9　　定　价：32.00 元

前言

本书介绍了在近代物理学发展史上具有重要作用的著名实验，尤其是典型的光电类实验项目。重点介绍物理实验的思想与方法、实验发展背景以及相关的理论知识，实验过程叙述详尽，并配有思考题。使同学们认识到近代物理实验对物理学发展所起的重大作用，加深对相关理论的理解；进一步培养学生的实验动手能力以及创新思维；通过光电子技术、光电检测、激光等相关实验，增强学生专业自信，使学生有兴趣投入实践和创新活动。本书共五章，内容包含了原子物理实验、激光与光学实验、信息光学实验、传感器实验和综合性实验等共20个实验项目。

本书由沈阳航空航天大学应用物理教研室的教师团队编写，具体分工如下：于文革编写实验1.1，4.2；孙景超编写实验1.5，2.2，2.3，5.3；曹泽新编写实验4.1；谢远亮编写实验1.3，1.4，4.4，4.5；马佳编写实验2.5，3.1；鞠丽平编写实验3.2，5.2；杨旭编写实验1.2，2.1，4.3，以及附录B；王兆阳编写实验2.4，5.1；李文博编写附录A；杨柳编写附录C。本书由徐世峰、王珩、马佳统稿。

本书适用于高等学校物理学、应用物理学、光信息科学与技术等专业的本科生，也可供相关专业的研究生、科技人员和教师参考。

由于编者水平有限，本书中难免有不足之处，敬请读者批评指正。

编　者

2021年2月

目　录

第 1 章　原子物理实验

实验 1.1　密立根油滴实验

著名的美国物理学家密立根(Robert Andrews Millikan)在 1907—1913 年期间所做的测量微小油滴上所带电荷的工作，即油滴实验，堪称物理实验的精华和典范。密立根在这一实验工作上花费了近 10 年的心血，取得了具有重大意义的结果：证明了电荷的不连续性，即电荷的量子性；测量并得到了基本电荷即电子电荷，其值大约为 1.60×10^{-19} C。现在公认电子电量 e 是基本电荷，对其值的测量精度不断提高，目前给出最好的结果为 $e=(1.60217733\pm0.00000049)\times10^{-19}$ C。

这一实验用相对宏观的实验方法精确地测定了微观物理量，设计思想简明巧妙、方法简单，而结论却具有不容置疑的说服力，是科学史上十大最美丽的物理实验之一。正是由于在利用油滴测定基本电荷的实验和光电效应实验上所取得的巨大成就，1923 年密立根荣获了诺贝尔物理学奖。

近百年来，物理学发生了根本的变化，而这个实验又重新站到实验物理的前列，近年来根据这一实验的设计思想改进的用磁漂浮的方法测量分子电荷的实验，使古老的实验又焕发了青春，也就更说明密立根油滴实验是富有巨大生命力的实验。

【实验目的】

① 验证电荷的不连续性以及测量基本电荷电量；

② 了解 CCD 传感器、光学系统成像原理及视频信号处理技术的工程应用；

③ 训练学生做物理实验应具有的严谨态度和坚韧不拔的科学精神。

【实验原理】

密立根油滴实验测定电子电荷的基本设计思想是使带电油滴在测量范围内处于受力平衡状态。按运动方式测量方法分为动态测量法和静态平衡测量法。

1. 动态测量法(也称为运动法或升降法)

用喷雾器将油喷入两块相距为 d 的水平放置的平行极板之间，油在喷射成雾状的一瞬间撕裂成许多小油滴，这些小油滴一般都是带电的。

当两极板间未加电压时，悬浮于空气中的油滴在降落过程中除受重力和浮力作用外还受黏滞阻力的作用，如图 1.1.1 所示。根据斯托克斯定律，黏滞阻力与物体运动速度成正比。开始时油滴加速下降，当油滴下降一小段距离后，随着速度的增大，重力 mg、浮力 F_f和黏滞阻力 Kv_f逐渐达到受力平衡，油滴以匀速 v_f 下降，此时有

$$mg-F_f-Kv_f=0 \tag{1.1.1}$$

式中 m 为油滴质量，g 为重力加速度。由于表面张力作用，油滴呈小球状。设油滴半径为 a，油的密度为 ρ_1，则质量 $m=\frac{4}{3}\pi a^3\rho_1$，如果空气密度为 ρ_2，则空气浮力 $F_f=\frac{4}{3}\pi a^3\rho_2 g$。

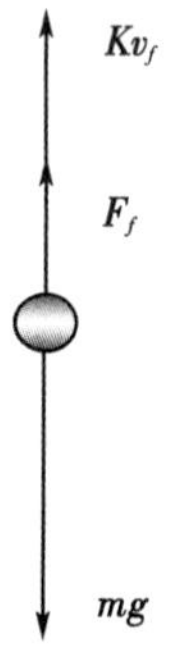

图 1.1.1　重力场中油滴受力示意图

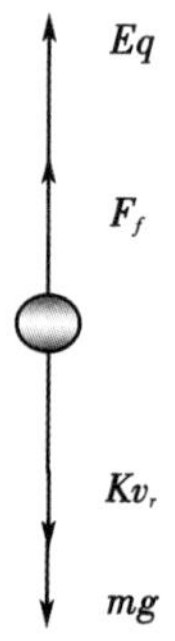

图 1.1.2　电场中油滴受力示意图

根据斯托克斯定律，黏滞阻力 $F_v=Kv_f=6\pi\eta av_f$，其中比例系数 $K=6\pi\eta a$，η 为空气的黏滞系数，a 为油滴半径。因此式(1.1.1)可以写成

$$\frac{4}{3}\pi a^3\rho_1 g-\frac{4}{3}\pi a^3\rho_2 g-6\pi\eta av_f=0 \tag{1.1.2}$$

于是“暂且”可得油滴半径

$$a=\sqrt{\frac{9\eta v_f}{2\rho g}} \tag{1.1.3}$$

式(1.1.3)中 $\rho=\rho_1-\rho_2$。当在平行极板间加上电压 U 时，在两板的中心区域就产生一匀强电场 $E=\frac{U}{d}$，d 为极板间距离。悬浮在极板间带有电荷 q 的油滴所受到的电场力 Eq 如果与重力方向相反，而且大于重力和浮力的差值，油滴就会上升。随着油滴向上的速度逐渐增大，黏滞阻力逐渐增大直至再次达到各力平衡，此时油滴就会以速度 v_f 匀速上升，参见图 1.1.2。此时空气的黏滞阻力为 $F_v=Kv_f=6\pi\eta av_r$。于是有

$$\frac{4}{3}\pi a^3\rho_1 g-\frac{4}{3}\pi a^3\rho_2 g+6\pi\eta av_r-qE=0 \tag{1.1.4}$$

将式(1.1.3)和 $E=\frac{U}{d}$代入式(1.1.4)中，整理后得油滴所带电荷量为

$$q=18\pi\frac{d}{U}\left(\frac{\eta^3}{2\rho g}\right)^{1/2}v_f^{1/2}(v_f+v_r) \tag{1.1.5}$$

因此，只要测出油滴在极板间某一段距离 s 内匀速下降的时间 t_f和匀速上升的时间 t_r，就可以分别得到 $v_f=\frac{s}{t_f}$和 $v_r=\frac{s}{t_r}$，从而计算出油滴所带电荷量 q。

密立根在实验中发现，只有当油滴半径与油滴所在流体(在此即为空气)分子的平均自由程相比时，前者足够大，斯托克斯定律才是正确的。当二者大小可以相比较时，例如，本实验中油滴的半径小到 10^{-6} m，空气的黏滞系数 η 应做如下修正

$$\eta'=\frac{\eta}{1+\frac{b}{pa}} \tag{1.1.6}$$

其中，b 为修正常数，p 为当地大气压强，a 为油滴半径，具体数值参见本实验附录的数据参考部分。

将式(1.1.6)代入式(1.1.3)，可得

$$a=\sqrt{\frac{9\eta v_f}{2\rho g\left(1+\frac{b}{pa}\right)}}=\frac{a_0}{\sqrt{1+\frac{b}{pa}}} \tag{1.1.7}$$

式(1.1.7)中令 $a_0=\sqrt{\frac{9\eta v_f}{2\rho g}}$，$a_0$ 的意义为未考虑修正时计算出的油滴半径。当 $a=10^{-6}$ m 时，$\frac{b}{pa}$是个很小的量值，a 与 a_0相差不大，因此有

$$a_1=\sqrt{\frac{9\eta v_f}{2\rho g\left(1+\frac{b}{pa_0}\right)}}$$

$$a_2=\sqrt{\frac{9\eta v_f}{2\rho g\left(1+\frac{b}{pa_1}\right)}}$$

…………

$$a_{n+1}=\sqrt{\frac{9\eta v_f}{2\rho g\left(1+\frac{b}{pa_n}\right)}} \tag{1.1.8}$$

直到$\frac{|a_{n+1}-a_n|}{a_{n+1}}<0.5\%$，从而得到在相对误差允许的范围内较为接近真实值的油滴半径 a_n，这种计算方法称为“迭代法”。

于是，将 a_n 代入式(1.1.6)和式(1.1.5)，整理得

$$q=18\pi\frac{d}{U}\left(\frac{\eta^3}{2\rho g}\right)^{1/2}\frac{v_f^{1/2}(v_f+v_r)}{\left(1+\frac{b}{pa_n}\right)^{3/2}} \tag{1.1.9}$$

综上所述，只要测量出加在相距为 d 的两极板间的上升电压 U、在固定距离 s 内油滴匀速下落的时间 t_f 和匀速上升的时间 t_r，就可以根据式(1.1.8)和式(1.1.9)计算出油滴的半径 a_n 和带电荷量 q。

2. 静态平衡测量法

静态平衡测量法的出发点是使油滴在均匀电场中静止在某一位置，和在重力场中作匀速下降运动。

油滴在重力场中的匀速下降运动过程与“动态测量法”相同。

当油滴在电场中平衡时，油滴在两极板间受到的电场力 Eq $\left(\text{这里令平衡电压为 } U_e\text{，则 } E=\frac{U_e}{d}\right)$、重力 mg 和浮力 F_f 达到平衡，从而静止在某一位置。与“动态测量法”的匀速上升过程相比（即 $v_r=0$），没有受到黏滞阻力的作用，因此，很容易由式(1.1.9)得到

$$q=18\pi\frac{d}{U_e}\left(\frac{\eta^3}{2\rho g}\right)^{1/2}\left(\frac{v_f}{1+\frac{b}{pa_n}}\right)^{3/2} \tag{1.1.10}$$

由式(1.1.10)，只要测量出加在相距为 d 的两极板间的平衡电压 U_e 和在固定距离 s 内油滴匀速下落的时间 t_f，就可以得到油滴的带电荷量。但是，正如雾天悬浮在空气中的水滴一样，在有限的时间和空间内，很难判断视场内的油滴是否真正静止，所以这种静态平衡测量法的误差相对较大。

3. 基本电荷的测量方法

(1)最大公约数法

测量油滴带电荷量的目的是找出电荷的最小单位 e。为此密立根当初测量了上千个不同油滴所带的电荷值 q_i，发现它们近似为某一最小单位电荷的整数倍，这一最小单位电荷即为油滴带电荷量的最大公约数，或油滴带电荷量之差的最大公约数，这一最小单位电荷量即为基本电荷的电荷量 e(电子是带有负电最小电荷的粒子。人们习惯上把最小电荷叫作基本电荷或元电荷)。

(2)倒过来验证法

如果测量 n 个不同油滴的带电荷量，可以在计算出每个油滴带电荷量 q_i 之后，“倒过来”用 e 的公认值去除，得到每个油滴所带电荷数目的近似值 $n_i=\frac{q_i}{e}$(n_i 取整数)，然后计算出 $e_i=\frac{q_i}{n_i}$，最后取平均值得 e 值。

(3)直线拟合法

由于电荷的量子化特性，应有 $q_i = n_i e$ 为一直线方程，n_i 为自变量，q_i 为因变量，e 为斜率，若找到满足这一关系的曲线，也可以采用作图法或直线拟合法通过计算出斜率求得 e 值。

(4)最小值法

实验中也经常采用紫外线、X 射线或放射源等改变同一油滴所带的电荷量，测量油滴上所带电荷量的改变值 Δq_i，而 Δq_i 值应是元电荷电荷量 e 的整数倍。即

$$\Delta q_i = \Delta n_i e \tag{1.1.11}$$

其中，Δn_i 为整数。在带电量改变次数足够多的情况下，一般取 $\Delta n_i e$ 中最小值为基本电荷 e 值。

【实验仪器】

实验仪由油滴盒、CCD 成像系统、监视器等部件组成，仪器部件示意如图 1.1.3 所示。

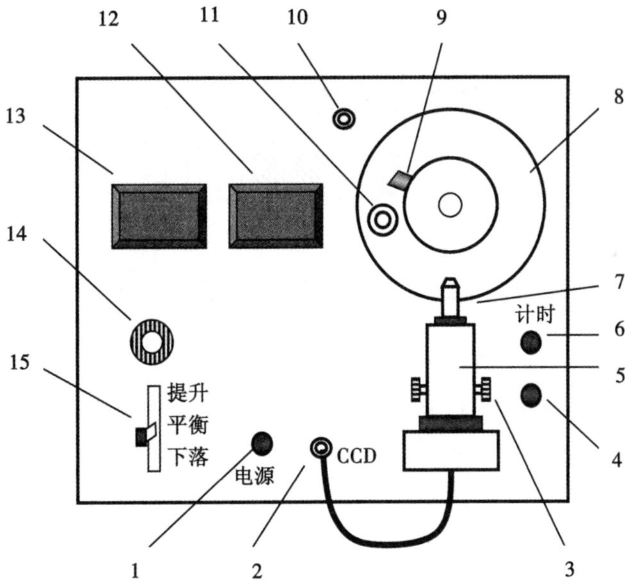

图 1.1.3　密立根油滴仪主机箱部件示意图

1—电源开关；2—CCD 视频输入接口；3—调焦旋钮；4—复位键；5—显微镜；6 —计时键；7—物镜镜头；8—油滴盒；9—发光二极管照明；10—CCD 视频输出插座；11—水准泡；12—计时显示；13—电压显示；14—电压调节旋钮；15—电压转换开关

其中主机包括可控高压电源、计时装置、A/D 采样、视频处理等单元模块。CCD 成像系统包括 CCD 传感器、光学成像部件等。油滴盒包括高压电极、照明装置、防风罩等部件。监视器是视频信号的输出设备。

CCD 模块及光学成像系统用来捕捉暗室中油滴的像，同时将图像信息传给主机的视频处理模块。实验过程中可以通过调焦旋钮来改变物距，使油滴的像清晰地呈现在监视器上。

电压转换开关可以调整极板之间的电压，用来控制油滴的平衡、下落及提升。

油滴盒是一个关键部件，具体构成如图 1. 1. 4 所示。

油滴盒是由两块经过精磨的平行极板（上、下电极板）中间垫以绝缘环组成。平行极板之间的距离为 d。绝缘环上有照明发光二极管进光孔、显微镜观察孔。上电极板中央有一个直径为 0. 4 mm 的小孔，油滴从油雾杯经进油量开关落入油雾孔中，进入上、下电极板之间。油滴由高亮度发光二极管照明。油滴盒可由调平螺丝调节水平，并由水准泡进行检查。

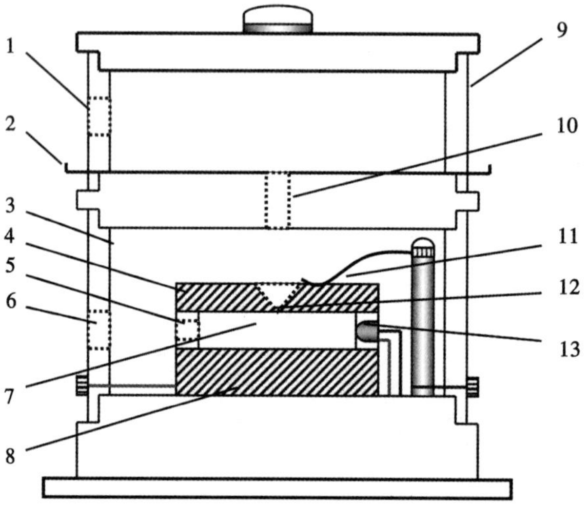

图 1. 1. 4　油滴盒装置示意图

1—喷雾口；2—进油量开关；3—防风罩；4—上极板；5，6—显微镜观察孔；7—油滴室；
8—下极板；9—油雾杯；10，12—油雾孔；11—上极板压簧片；13—发光二极管

【实验内容】

1. 调整仪器

在打开主机箱电源之前，将仪器放平稳，调节仪器底部左右两只调平螺丝，使水准泡指示水平，这时平行极板处于水平位置。预热 10 min，利用预热时间从测量显微镜中观察，如果分划板位置不正，则转动目镜头，将分划板放正，物镜镜头要插到底。

将油从油雾杯右侧的喷雾口喷入（喷一次即可），微调测量显微镜的调焦手轮，这时视场中即出现大量清晰的油滴，如夜空繁星。

对与 CCD 一体化的屏显密立根油滴仪，则从监视器荧光屏上观察油滴的运动。如油滴斜向运动，则可转动显微镜上的圆形 CCD，使油滴垂直方向运动。

注意：

油本身不带电荷，关键是喷雾的一瞬间，原本粘在一起的油被撕裂成许多小油滴，这些小油滴因此而带电荷。喷雾器中注油约 5 mm 深，不能太多。喷雾时，喷雾器要竖拿，喷口对准油雾杯的喷雾口，切勿伸入油雾杯内。按一下橡皮球即可。因为机油本身具有一定的污染性，所以注意不要将油喷到油滴盒外面。

调整仪器时，如果需要打开有机玻璃油雾杯，应先将工作电压选择开关放在“下落”位置，以免触电。

使用监视器时，监视器的对比度放最大，背景亮度要稍暗些。

2. 练习测量

(1)练习控制油滴

喷入油滴前，注意将电压转换开关置于“下落”挡，此时平行极板上未加电压，以保证油滴可以经油雾杯落入极板之间，否则，油滴很难下落。在油滴下落过程中缓慢调节显微镜的调焦旋钮至油滴大部分较为清晰，待油滴已经布满显示屏时，调节电压转换开关至“平衡”挡(注意：喷油之前，已经将“平衡”的工作电压调节至 150 V 左右)，驱走不需要的油滴，直到剩下几颗缓慢运动的为止。注视其中的某一颗，仔细调节平衡电压，使这颗油滴静止不动。然后去掉平衡电压，让它自由下降，下降一段距离后再加上“提升”电压，使油滴上升。如此反复多次地进行练习，以掌握控制油滴的方法。

(2)练习测量油滴运动的时间

任意选择几颗运动速度快慢不同的油滴，用计时器测出它们下降一段距离所需要的时间，或者加上一定的电压，测出它们上升一段距离所需要的时间。如此反复多练几次，以掌握测量油滴运动时间的方法。

(3)练习选择油滴

要做好本实验，很重要的一点是选择合适的油滴。选的油滴体积不能太大，太大的油滴虽然比较亮，但一般带的电荷量比较多，下降速度也比较快，时间不容易测准确。油滴也不能选得太小，太小则受空气分子碰撞而引起的布朗运动比较明显。通常可以选择平衡电压在 150~400 V，在 2 mm 距离内油滴匀速下降的时间 t_f 为 10~30 s 的油滴，其带电量和质量大小都比较合适。

3. 测量与数据处理

(1)选油滴

调整好仪器后，按照上述“练习测量”的方法，根据实验需要选择一个或者多个合适的油滴进行测量。由于实验教学时间有限，一般可以选择一个带电荷量和质量符合上述要求的油滴。

(2)采用“动态平衡测量法”测量油滴电荷量

选择合适的油滴后，分别记录平衡电压 U_e、提升电压 U 的数值，测量油滴在监视器的显示屏上 0~2 刻度线之间(对应上下极板之间的距离为 2 mm)的 10 组匀速下落时间 t_f

和匀速上升时间 t_r，然后，根据式(1.1.8)、式(1.1.9)，利用动态测量法计算油滴的带电荷量。

选做内容：

此处，也可以将上述数据代入式(1.1.10)，利用“静态测量法”计算油滴的带电荷量，并与动态平衡测量法的测量结果进行比较。

(3)用“倒过来验证法”计算基本电荷的电荷量 e

如果实验时间允许，可以测量多个不同油滴的带电荷量，分别计算 e_i，取其平均值。

【注意事项】

① CCD 盒、紧定螺钉、摄像镜头的机械位置不能变更，否则会对像距及成像角度造成影响。(见图 1.1.3)

② 仪器使用环境：温度为 0~40 ℃的静态空气中。

③ 注意调整进油量开关(见图 1.1.4)，应避免外界空气流动对油滴测量造成影响。

④ 仪器内有高压电，实验人员避免用手接触电极板。

⑤ 实验前应对仪器油滴盒内部进行清洁，防止异物堵塞落油孔。

⑥ 注意仪器的防尘保护。

【思考题】

① 动态测量法与静态测量法相比有哪些优点？

② 在动态平衡测量法中，测量油滴匀速下落过程的目的是什么？测量油滴匀速上升过程的目的又是什么？

【附录】

① 标准状况指大气压强 $p=1.01325\times10^5$ Pa，温度 $T=20$ ℃，相对湿度 $\phi=50\%$的空气状态。实际大气压强可以由气压表读出来。

② 由于油的密度远远大于空气的密度，即 $\rho_1\gg\rho_2$，因此 ρ_2 相对于 ρ_1 来讲可以忽略不计。油的密度随温度变化关系见下表。

T/℃	0	10	20	30	40
ρ/(kg · m^{-3})	991	986	981	976	971

③ 其他数据参考如下：

d 为极板间距，$d=5.00\times10^{-3}$ m；

η 为空气黏滞系数，$\eta=1.83\times10^{-5}$ kg · m^{-1} · s^{-1}；

s 为下落距离，$s=2.0\times10^{-3}$ m；

ρ_1为油的密度，$\rho_1=981$ kg · m^{-3}(20 ℃)；

ρ_2为空气密度，$\rho_2=1.2928\ kg\cdot m^{-3}$（标准状况下）；

g 为重力加速度，$g=9.8032\ m\cdot s^{-2}$（沈阳）；

b 为修正常数，$b=0.00823\ N/m$（$6.17\times10^{-6}m\cdot cmHg$）；

p 为标准大气压强，$p=1.01325\times10^5$ Pa（76.0 cmHg）。

④ R. A. 密立根，美国物理学家。1868 年 3 月 22 日生于伊利诺伊州的莫里森。1887 年入奥伯林大学，读完二年级时，被聘任为初等物理班的教员，他很喜爱这个工作，从此便致力于物理学。1906 年与人合写的初等物理学教科书风行一时，我国也有商务印书馆出版的中译本。

图 1.1.5　R. A. 密立根

1891 年，密立根大学毕业后，继续为初等物理班讲课；1893 年取得硕士学位，同年到哥伦比亚大学物理系攻读博士学位。A.A.迈克耳孙在实验中的精湛技术，M.I.普平在讲课中强调熟练的教学手段，都对他的影响很大。

1895 年，他获得博士学位后留学欧洲，听过 J-H.庞加莱、M.普朗克等的讲课。1896 年回国任教于芝加哥大学。由于教学成绩优异，第二年就升任副教授。

密立根最著名的实验成就，是用在电场和重力场中的运动的带电油滴精确地测定了基本电荷。这个工作从 1907 年开始，直到 1913 年才最后完成，得到电子电荷的数值为 $(4.774\pm0.009)\times10^{-10}$esu。与此同时，他致力于光电效应的研究，经过细心的观测，到 1916 年，他的实验结果完全肯定了 A.爱因斯坦的光电效应方程，并且从图像中测出当时最精确的普朗克常数的值。

1921 年起，密立根任教于加利福尼亚理工学院。由于他的努力，终于使该校成为世界上最著名的科学中心之一。

他还从事电子在强电场作用下逸出金属表面的实验研究，以及一些金属的 X 射线研究，发现了近 1000 条谱线，波长直到 13.66 nm，从而有助于把 X 射线谱和光学光谱连接起来。他对 X 射线谱的分析工作，在理论上和 A.索末菲关于可见光双重线理论产生极大的分歧，引起物理学者的广泛注意，导致 G.E.乌伦贝克和 S.A.古兹密特两人在 1925 年提出电子自旋理论。

密立根在宇宙线方面也做过研究，积累了大量的不同高度不同地区的实验数据，发现了宇宙线的纬度效应的大小与经度有关；纠正了早期有人认为宇宙线是由光子组成的观点。他和他的学生用强磁场中的云室对宇宙线的实验研究，使他的学生 C.D.安德森在 1932 年发现了正电子。

密立根不仅是一位建立起一个学派的科学家，而且是一位优秀的行政领导者和积极的社会活动家。

1953 年 12 月 19 日，密立根在加利福尼亚的帕萨迪纳逝世。

实验 1.2　夫兰克-赫兹实验

20 世纪初，在原子光谱的研究中确定了原子能级的存在。1914 年，德国物理学家夫兰克(J.Franck)和赫兹(G.Hertz)对勒纳用来测量电离电位的实验装置作了改进，他们同样采取慢电子(几个到几十个电子伏特)与单元素气体原子碰撞的办法，但着重观察碰撞后电子发生什么变化(勒纳则观察碰撞后离子流的情况)。通过实验测量，电子和原子碰撞时会交换某一定值的能量，且可以使原子从低能级激发到高能级。直接证明了原子发生跃变时吸收和发射的能量是分立的、不连续的，证明了原子能级的存在，从而证明了玻尔理论的正确。他们因而获得了 1925 年诺贝尔物理学奖。

夫兰克-赫兹实验至今仍是探索原子结构的重要手段之一，实验中用“拒斥电压”筛去小能量电子的方法，已成为广泛应用的实验技术。

【实验目的】

通过测定氩原子等元素的第一激发电位(即中肯电位)，证明原子能级的存在。

【实验原理】

玻尔提出的原子理论指出：

① 原子只能较长地停留在一些稳定状态(简称为定态)。原子在这些状态时，不发射或吸收能量：各定态有一定的能量，其数值是彼此分隔的。原子的能量不论通过什么方式发生改变，它只能从一个定态跃迁到另一个定态。

② 原子从一个定态跃迁到另一个定态而发射或吸收辐射时，辐射频率是一定的。如果用 E_m 和 E_n 分别代表有关两定态的能量的话，辐射的频率 ν 决定于如下关系：

$$h\nu = E_m - E_n \tag{1.2.1}$$

式中，普朗克常数 $h=6.63\times10^{-34}$ J · s，为了使原子从低能级向高能级跃迁，可以通过具有一定能量的电子与原子相碰撞进行能量交换的办法来实现。

设初速度为零的电子在电位差为 U_0 的加速电场作用下，获得能量 eU_0。当具有这种能量的电子与稀薄气体的原子（比如十几个乇的氩原子）发生碰撞时，就会发生能量交换。如以 E_1 代表氩原子的基态能量、E_2 代表氩原子的第一激发态能量，那么当氩原子吸收从电子传递来的能量恰好为

$$eU_0 = E_2 - E_1 \tag{1.2.2}$$

时，氩原子就会从基态跃迁到第一激发态。而且相应的电位差称为氩的第一激发电位（或称氩的中肯电位）。测定出这个电位差 U_0，就可以根据式（1.2.2）求出氩原子的基态和第一激发态之间的能量差了（其他元素气体原子的第一激发电位亦可依此法求得）。

夫兰克-赫兹实验的原理图如图1.2.1所示。在充氩的夫兰克-赫兹管中，电子由热阴极发出，阴极K和第二栅极 G_2 之间的加速电压 U_{G2K} 使电子加速。在板极A和第二栅极 G_2 之间加有反向拒斥电压 U_{G2A}。管内空间电位分布如图1.2.2所示。第一栅极电压的作用主要是消除空间电荷对阴极电子发射的影响，提高发射效率。当电子通过 KG_2 空间进入 G_2A 空间时，如果有较大的能量（大于 eU_{G2A}），就能冲过反向拒斥电场而到达板极形成板极电流，为微电流计μA表检出。如果电子在 KG_2 空间与氩原子碰撞，把自己一部分能量传给氩原子而使后者激发的话，电子本身所剩余的能量就很小，以致通过第二栅极后已不足以克服拒斥电场而被折回到第二栅极，这时，通过微电流计μA表的电流将显著减小。

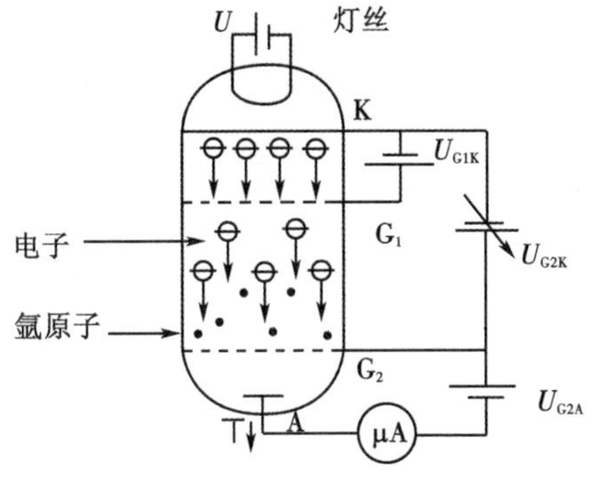

图1.2.1 夫兰克-赫兹实验原理图

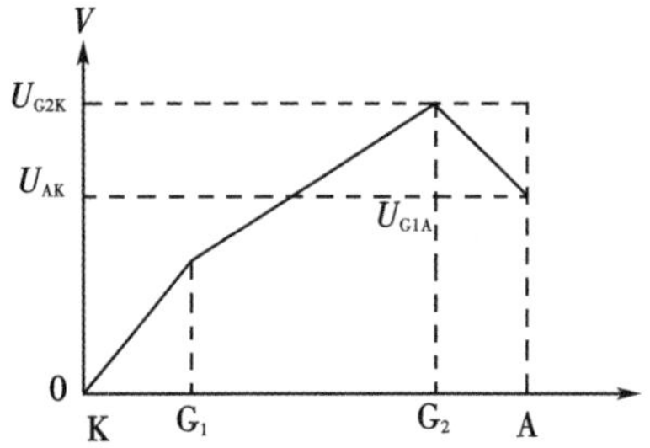

图1.2.2 夫兰克-赫兹管管内空间电位分布

实验时，使 U_{G2K} 电压逐渐增加并仔细观察电流计的电流指示，如果原子能级确实存在，而且基态和第一激发态之间有确定的能量差的话，就能观察到如图1.2.3所示的 I_A-U_{G2K} 曲线。

图1.2.3所示的曲线反映了氩原子在 KG_2 空间与电子进行能量交换的情况。当 KG_2 空间电压逐渐增加时，电子在 KG_2 空间被加速而取得越来越大的能量。但起始阶段，由于电压较低，电子的能量较少，即使在运动过程中它与原子相碰撞也只有微小的能量交换（为弹性碰撞）。穿过第二栅极的电子所形成的板极电流 I_A 将随第二栅极电压 U_{G2K} 的

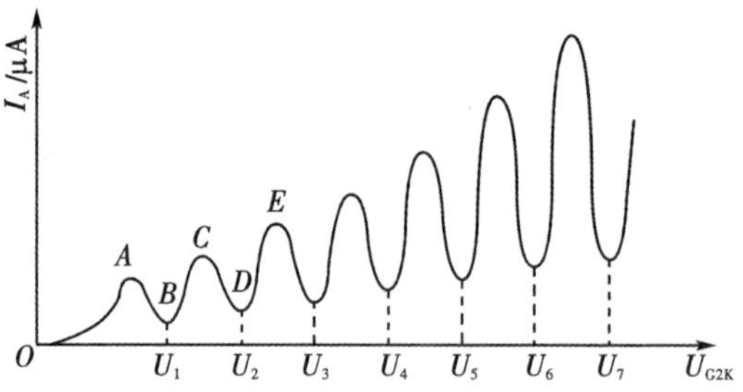

图 1.2.3 夫兰克-赫兹管的 I_A-U_{G2K} 曲线

增加而增大(如图 1.2.3 的 *OA* 段)。当 KG_2间的电压达到氩原子的第一激发电位 U_0时,电子在第二栅极附近与氩原子相碰撞,将自己从加速电场中获得的全部能量交给后者,并且使后者从基态激发到第一激发态。而电子本身由于把全部能量给了氩原子,即使穿过了第二栅极也不能克服反向拒斥电场而被折回第二栅极(被筛选掉)。所以板极电流将显著减小(图 1.2.3 所示 *AB* 段)。随着第二栅极电压的增加,电子的能量也相应增加,在与氩原子相碰撞后还留下足够的能量,可以克服反向拒斥电场而达到板极 A,这时电流又开始上升(*BC* 段)。直到 KG_2间电压是二倍氩原子的第一激发电位时,电子在 KG_2间又会因二次碰撞而失去能量,因而又会造成第二次板极电流的下降(*CD* 段),同理,凡在

$$U_{G2K}=nU_0 \quad (n=1,\ 2,\ 3,\ \cdots) \tag{1.2.3}$$

的地方,板极电流 I_A都会相应下跌,形成规则起伏变化的 I_A-U_{G2K}曲线。而各次板极电流 I_A下降相对应的栅极电压差 $U_{n+1}-U_n$应该是氩原子的第一激发电位 U_0。

本实验就是要通过实际测量来证实原子能级的存在,并测出氩原子的第一激发电位(公认值为 $U_0=11.61$ V)。

【实验仪器】

FH-2 智能夫兰克-赫兹实验仪。

【实验内容】

① 熟悉实验仪使用方法(见本实验的附录)。

② 按照本实验附录要求连接夫兰克-赫兹管各组工作电源线,检查无误后开机。将实验仪预热 20~30min。

开机后的初始状态如下:

• 实验仪的“1mA”电流挡位指示灯亮,表明此时电流的量程为 1 mA 挡;电流显示值为 0000×10^{-7} A。

• 实验仪的“灯丝电压”挡位指示灯亮,表明此时修改的电压为灯丝电压;电压显示

值为 000.0 V；最后一位在闪动，表明现在修改位为最后一位。

• “手动”指示灯亮。表明仪器工作正常。

③ 氩元素的第一激发电位测量(手动测试)。

• 设置仪器为“手动”工作状态，按“手动/自动”键，“手动”指示灯亮。

• 设定电流量程(电流量程可参考机箱盖上提供的数据)。按下相应电流量程键，对应的量程指示灯点亮。

• 设定电压源的电压值(设定值可参考机箱盖上提供的数据)，用↓/↑，←/→键完成，需设定的电压源有：灯丝电压 U_F、第一加速电压 U_{G1K}、拒斥电压 U_{G2A}。

• 按下“启动”键，实验开始。用↓/↑，←/→键完成 U_{G2K} 电压值的调节，从 0.0 V 起，按步长 1V(或 0.5V)的电压值调节电压源 U_{G2K}，同步记录 U_{G2K} 值和对应的 I_A 值，同时仔细观察夫兰克-赫兹管的板极电流值 I_A 的变化(可用示波器观察)。切记为保证实验数据的唯一性 U_{G2K} 电压必须从小到大单向调节，不可在过程中反复；记录完成最后一组数据后，立即将 U_{G2K} 电压快速归零。

• 重新启动。

在手动测试的过程中，按下启动按键，U_{G2K} 的电压值将被设置为零，内部存储的测试数据被清除，示波器上显示的波形被清除，但 U_F、U_{G1K}、U_{G2A}、电流挡位等的状态不发生改变。这时，操作者可以在该状态下重新进行测试，或修改状态后再进行测试。

建议：手动测试 I_A-U_{G2K}，进行一次或修改 U_F 值再进行一次。

【数据处理】

① 在坐标纸上描绘各组 I_A-U_{G2K} 数据对应曲线。

② 计算每两个相邻峰或谷所对应的 U_{G2K} 之差值 ΔU_{G2K}，并求出其平均值 $\overline{U}_0$，将实验值 $\overline{U}_0$ 与氩的第一激发电位 $U_0 = 11.61$ V 比较，计算相对误差，并写出结果表达式。

【思考题】

① 拒斥电压增大时，I_A 如何变化?

② 原子状态的改变通常在哪两种情况下发生?

【附录】

实验仪面板简介及操作说明

1. 夫兰克-赫兹实验仪前后面板说明

(1)夫兰克-赫兹实验仪前面板

如图 1.2.4 所示，以功能划分为八个区：

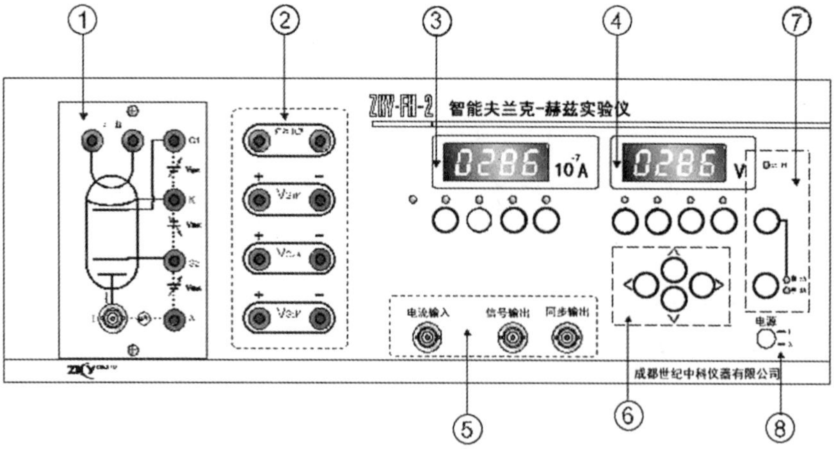

图 1.2.4　夫兰克-赫兹实验仪前面板图

① 区①是夫兰克-赫兹管各输入电压连接插孔和板极电流输出插座。

② 区②是夫兰克-赫兹管所需激励电压的输出连接插孔，其中左侧输出孔为正极，右侧为负极。

③ 区③是测试电流指示区：

四位七段数码管指示电流值；

四个电流量程挡位选择按键用于选择不同的最大电流量程挡；每一个量程选择同时备有一个选择指示灯指示当前电流量程挡位。

④ 区④是测试电压指示区：

四位七段数码管指示当前选择电压源的电压值。

四个电压源选择按键用于选择不同的电压源；每一个电压源选择都备有一个选择指示灯指示当前选择的电压源。

⑤ 区⑤是测试信号输入输出区：

电流输入插座输入夫兰克-赫兹管板极电流。

信号输出和同步输出插座可将信号送示波器显示。

⑥ 区⑥是调整按键区，用于：改变当前电压源电压设定值；设置查询电压点。

⑦ 区⑦是工作状态指示区：通信指示灯指示实验仪与计算机的通信状态；启动按键与工作方式按键共同完成多种操作。

⑧ 区⑧是电源开关。

(2)夫兰克-赫兹实验仪后面板

夫兰克-赫兹实验仪后面板上有交流电源插座，插座上自带有保险管座。

如果实验仪已升级为微机型，则通信插座可联计算机，否则，该插座不可使用。

2. 基本操作

(1)夫兰克-赫兹实验仪连线说明

在确认供电电网电压无误后，将随机提供的电源连线插入后面板的电源插座中；连接面板上的连接线。务必反复检查，切勿连错！

(2)开机后的初始状态

开机后，实验仪面板状态显示如下：

① 实验仪的“1 mA”电流挡位指示灯亮，表明此时电流的量程为 1 mA 挡；电流显示值为 $0000. \times 10^{-7}$ A(若最后一位不为 0，属正常现象)。

② 实验仪的“灯丝电压”挡位指示灯亮，表明此时修改的电压为灯丝电压；电压显示值为 000. 0 V；最后一位在闪动，表明现在修改位为最后一位。

③“手动”指示灯亮，表明此时实验操作方式为手动操作。

(3)变换电流量程

如果想变换电流量程，则按下区③中的相应电流量程按键，对应的量程指示灯点亮，同时电流指示的小数点位置随之改变，表明量程已变换。

(4)变换电压源

如果想变换不同的电压，则按下区④中的相应电压源按键，对应的电压源指示灯随之点亮，表明电压源变换选择已完成，可以对选择的电压源进行电压值设定和修改。

(5)修改电压值

按下前面板区⑥上的←/→键，当前电压的修改位将进行循环移动，同时闪动位随之改变，以提示目前修改的电压位置。

按下面板上的↑/↓键，电压值在当前修改位递增/递减一个增量单位。

注意：

●如果当前电压值加上一个单位电压值的和超过了允许输出的最大电压值，再按下↑键，电压值只能修改为最大电压值。

●如果当前电压值减去一个单位电压值的差值小于零，再按下↓键，电压值只能修改为零。

实验 1.3　塞曼效应

19 世纪法拉第研究过电磁场对光的影响，发现了磁场能改变偏振光的偏振方向。1896 年荷兰物理学家塞曼(Pieter Zeeman，1865—1943)根据法拉第的想法，探测磁场对谱线的影响，发现钠双线在磁场中的分裂。洛伦兹根据经典电子论解释了分裂为三条的正常塞曼效应，证实了原子具有磁矩和空间取向量子化的现象，进一步认识了原子的内部结构。由于研究这个效应，塞曼和洛伦兹共同获得 1902 年诺贝尔物理学奖。他们这一重要研究成就，有力地支持了光的电磁理论，使我们对物质的光谱、原子和分子的结构有了更多的了解。至今塞曼效应仍是研究能级结构的重要方法之一。

【实验目的】

① 掌握法布里-珀罗标准具的原理和使用。

② 观察汞 546 nm 光谱线的塞曼效应，并测量它分裂的波长差。

③ 测定电子的荷质比 e/m 值。

【实验原理】

1. 原子磁矩

塞曼效应是原子磁矩和外加磁场相互作用引起原子能级分裂进而产生光谱线分裂的现象。原子总磁矩包括电子磁矩和核磁矩，由于核磁矩比电子磁矩小三个数量级，因此只考虑电子磁矩。原子中电子既有轨道磁矩也有自旋磁矩。原子的总轨道角动量 $\boldsymbol{P}_L$ 和总自旋角动量 $\boldsymbol{P}_S$ 合成为原子的总角动量 $\boldsymbol{P}_J$，原子的总轨道磁矩 $\boldsymbol{\mu}_L$ 和总自旋磁矩 $\boldsymbol{\mu}_S$ 合成为原子的总磁矩 $\boldsymbol{\mu}_J$(见图 1.3.1)。总轨道磁矩 $\boldsymbol{\mu}_L$ 与总轨道角动量 $\boldsymbol{P}_L$ 的关系为：

$$\left.\begin{aligned} \boldsymbol{\mu}_L &= \frac{e}{2m}\boldsymbol{P}_L \\ \mu_L &= \frac{e}{2m}P_L \\ P_L &= \sqrt{L(L+1)}\,\hbar \end{aligned}\right\} \tag{1.3.1}$$

总自旋磁矩 $\boldsymbol{\mu}_S$ 与总自旋角动量 $\boldsymbol{P}_S$ 的关系为：

$$\left.\begin{aligned} \boldsymbol{\mu}_S &= \frac{e}{m}\boldsymbol{P}_S; \\ \mu_S &= \frac{e}{m}P_S; \\ P_S &= \sqrt{S(S+1)}\,\hbar \end{aligned}\right\} \tag{1.3.2}$$

因总磁矩 $\boldsymbol{\mu}$ 与总角动量 $\boldsymbol{P}_J$ 不共线，把 $\boldsymbol{\mu}$ 分解为与 $\boldsymbol{P}_J$ 平行的分量 $\boldsymbol{\mu}_{/\!/} \equiv \boldsymbol{\mu}_J$ 和垂直的分量 $\boldsymbol{\mu}_{\perp}$，在总磁矩 $\boldsymbol{\mu}$ 绕总角动量 $\boldsymbol{P}_J$ 旋进时 $\boldsymbol{\mu}_{\perp}$ 平均为零，因此原子的有效磁矩是 $\boldsymbol{\mu}_J$，它与 $\boldsymbol{P}_J$ 的数值关系为

$$\left.\begin{aligned} \mu_J &= g\,\frac{e}{2m}P_J \\ P_J &= \sqrt{J(J+1)}\,\hbar \end{aligned}\right\} \tag{1.3.3}$$

其中，J 为总角动量量子数，L 为总轨道角动量量子数，S 为总自旋量子数，$\hbar$ 为普朗克常数，m 为电子质量，g 为朗德因子，对于 L-S 耦合

$$g = 1 + \frac{J(J+1) - L(L+1) + S(S+1)}{2J(J+1)} \tag{1.3.4}$$

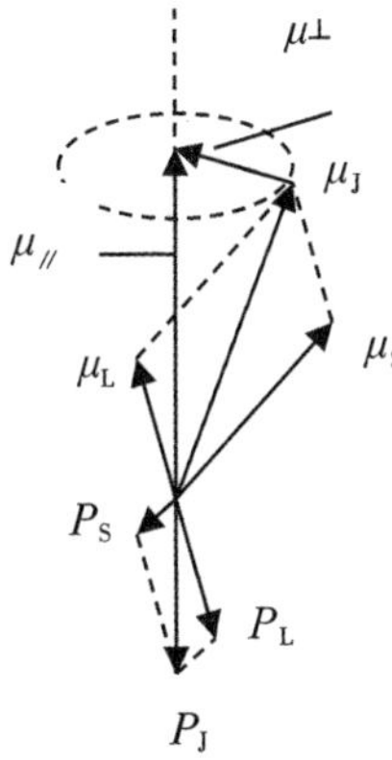

图 1.3.1　原子磁矩与角动量的矢量模型

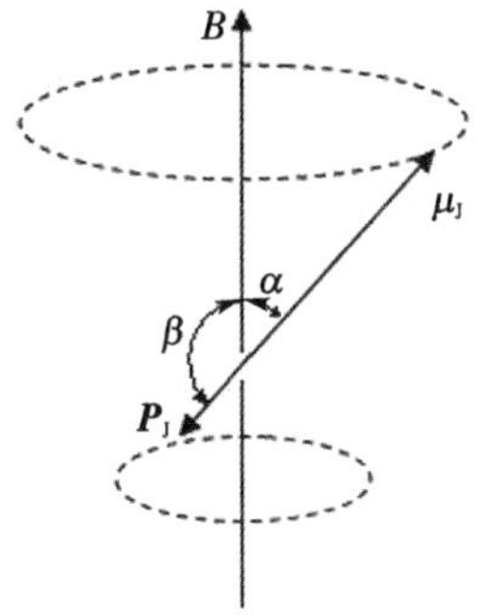

图 1.3.2　$\boldsymbol{\mu}_J$和 $\boldsymbol{P}_J$的进动

2. 外磁场对原子能级的影响

当原子处在外磁场 $\boldsymbol{B}$ 中的时候，在力矩 $\boldsymbol{L}=\boldsymbol{\mu}_J\times\boldsymbol{B}$ 的作用下，原子总角动量 $\boldsymbol{P}_J$ 和磁矩 $\boldsymbol{\mu}_J$ 绕磁场方向进动(见图 1.3.2)。原子在磁场中的附加能量

$$\Delta E=-\boldsymbol{\mu}_J\cdot\boldsymbol{B}=-\mu_J B\cos\alpha=g\frac{e}{2m}P_J B\cos\beta \tag{1.3.5}$$

角动量 $\boldsymbol{P}_J$ 在磁场中的取向(投影)是量子化的，即

$$P_J\cos\beta=M\hbar\ (M=J,\ J-1,\ \cdots,\ -J) \tag{1.3.6}$$

其中，M 为磁量子数。因此，

$$\Delta E=Mg\frac{e\hbar}{2m}B \tag{1.3.7}$$

可见，附加能量不仅与外磁场 B 有关系，还与朗德因子 g 有关。磁量子数 M 共有 $2J+1$ 个值，因此原子在外磁场中，原来的一个能级将分裂成 $2J+1$ 个子能级。

未加磁场时，能级 E_2和 E_1之间的跃迁产生的光谱线频率 ν 为：

$$\nu=\frac{E_2-E_1}{h} \tag{1.3.8}$$

外加磁场时，分裂后的谱线频率 ν'为：

$$\nu'=\frac{(E_2+\Delta E_2)+(E_1+\Delta E_1)}{h} \tag{1.3.9}$$

分裂后的谱线与原来谱线的频率差 $\Delta\nu'$为：

$$\Delta\nu'=(\Delta E_2-\Delta E_1)/h=(M_2g_2-M_1g_1)\frac{eB}{4\pi mc} \tag{1.3.10}$$

定义 $L_0=\dfrac{eB}{4\pi mc}$为洛伦兹单位($L_0=0.467\ \mathrm{B\cdot m^{-1}\cdot T^{-1}}$)。

用波数差 $\Delta\tilde{\nu}'$表示为：

$$\Delta\widetilde{\nu}'=(M_2g_2-M_1g_1)L_0=(M_2g_2-M_1g_1)\frac{eB}{4\pi mc} \tag{1.3.11}$$

根据上式可求出电子的荷质比

$$\frac{e}{m}=\frac{4\pi c}{(M_2g_2-M_1g_1)B}\Delta\widetilde{\nu}' \tag{1.3.12}$$

3. 光谱线的分裂和选择定则

能级之间的跃迁必须满足选择定则，它由两能态波函数的对称性决定。磁量子数 M 的选择定则为 $\Delta M=M_2-M_1=0$，±1；而且 $\Delta J=0$，即当 $J_2=J_1$时，$M_2=0\rightarrow M_1=0$ 的跃迁是禁戒的。

当 $\Delta M=0$ 时，沿垂直于磁场方向观察时，产生 π 线，π 线为光振动方向平行于磁场的线偏振光，沿平行于磁场方向观察时，光强度为零，不产生 π 线(见 1.3.3)。

当 $\Delta M=\pm1$ 时，垂直磁场观察时，产生线偏振光，其振动方向垂直于磁场，称为 σ 线。平行于磁场观察，产生圆偏振光，其转动方向取决于 ΔM 的正负、磁场方向，以及观察者相对于磁场的方向：迎着磁场方向观察时，σ 线为圆偏振光，$\Delta M=+1$ 时为左旋圆偏振光，$\Delta M=-1$ 时为右旋圆偏振光。沿垂直于磁场方向观察时，σ 线为线偏振光，其电矢量与磁场垂直(见图 1.3.3)。

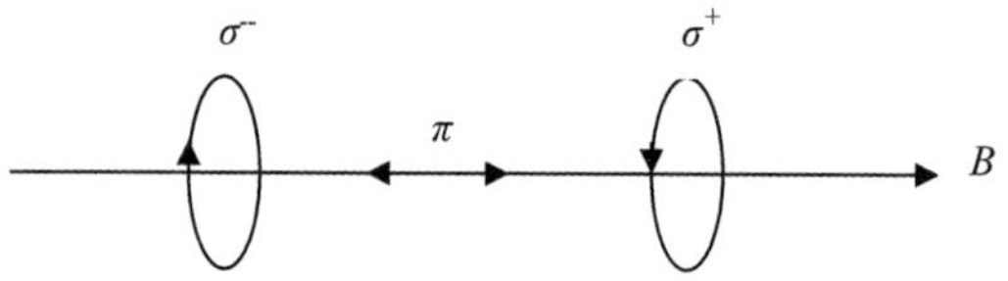

图 1.3.3　π 线和 σ 线

4. 汞绿线在外磁场中的分裂

汞绿线(546.1 nm)是汞原子的 $6s7s\,^3S_1$能级到 $6s6p\,^3P_2$能级跃迁产生的谱线。这两个能级的分裂情况及对应的量子数 M 和 g 见图 1.3.4。上能级 $6s7s\,^3S_1$分裂为 3 个子能级，下能级 $6s6p\,^3P_2$分裂为 5 个能级。选择定则允许的跃迁共有 9 种，即原来的 546.1 nm 的谱线将分裂成 9 条谱线。分裂后的 9 条谱线等距，间距为 $L_0/2$，9 条谱线的光谱范围是 $4L_0$。

在观察塞曼分裂时，一般光谱线最大的塞曼分裂仅有几个洛伦兹单位，塞曼效应分裂的波长差的数值是很小的，以 Hg 546.1 nm 谱线为例，当 $B=1$ T 时，$\Delta\lambda\approx10^{-11}$ m，欲观察如此小的波长差，普通棱镜摄谱仪是不能胜任的，必须使用高分辨率的光谱仪器。因此，我们在实验中采用高分辨率仪器，即法布里-珀罗标准具(简称 F-P 标准具)。

5. 用 F-P 标准具测量塞曼分裂谱线的波数差 $\Delta\widetilde{\nu}'$

图 1.3.5 中，f 是物镜的焦距，n 和 d 分别为间隔层的折射率和厚度，在实验中 $n=1$，$d=2$ mm。

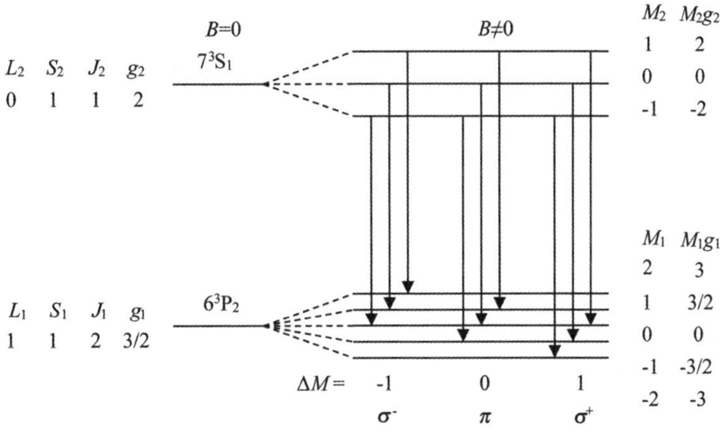

图 1.3.4　汞绿线的塞曼效应

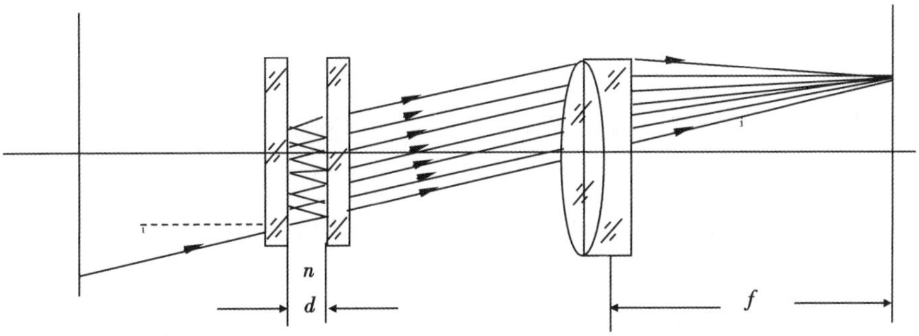

图 1.3.5　F-P 标准具原理

第 K 级干涉亮条纹的公式

$$2nd\cos\theta=K\lambda \tag{1.3.13}$$

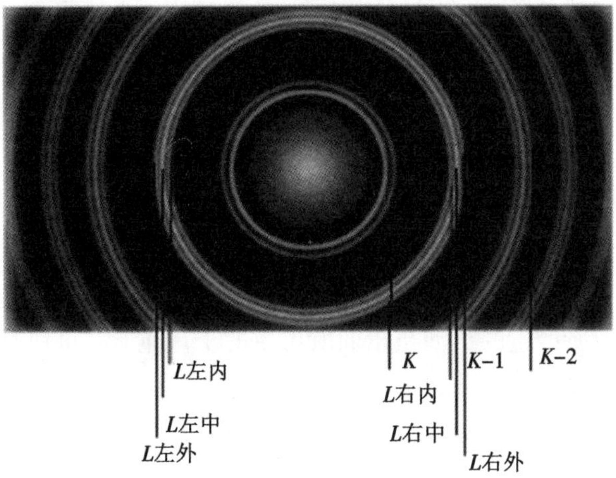

图 1.3.6　分裂后 π 成分实拍图

$$\Delta\widetilde{\nu}'=\frac{(D_b^2-D_a^2)+(D_b'^2-D_a'^2)}{4d(D_{K-1}^2-D_K^2)} \tag{1.3.14}$$

其中 D_K 和 D_{K-1} 分别是无磁场时相邻两干涉亮环的直径，D_a 和 D_b 分别是 D_K 分裂后的直径，而 D_a' 和 D_b' 是 D_{K-1} 分裂后的直径。

实验中观察到干涉花样分裂的图像如图 1.3.6 所示。

【实验仪器】

研究塞曼效应的实验装置如图 1.3.7 所示。在本实验中，光源用水银放电管，由专用电源点燃；N、S 为电磁铁的磁极，电磁铁用直流稳压电源供电；L_1 为会聚透镜，使通过标准具的光强增强；A、B 为 F-P 标准具；P 为偏振片，在垂直磁场方向观察时用以鉴别 π 成分和 σ 成分；K 为 1/4 波片，在沿磁场方向观察时用以鉴别左圆偏振光和右圆偏振光；后部分是测量望远镜、CCD 图像采集处理部分。

微摄像系统的核心器件是电荷耦合器件，简称 CCD(charge coupled device)。自 1970 年被发明以来，由于应用广泛，发展极为迅速。作为对光敏感的图像传感器，CCD 具有光电转换、电荷存储和电荷传输的功能。由面阵 CCD 制成的摄像头，可把经镜头聚焦到 CCD 表面的光学图像扫描变换为相应的电信号，经编码后输出 PAL 或其他制式的彩色全电视视频信号，此视频信号可由监视器或多媒体计算机接受并播放。多媒体计算机加装视频多媒体主件，工作于 Windows 操作环境。视频多媒体主件的核心是多媒体采集卡，可将输入的 PAL 或 NTSC 制视频信号解码并转换为数字信息，此信息可用于在计算机显示器上同步显示所输入的电视图像，使用本实验专用的实时图像处理软件读取实验数据。

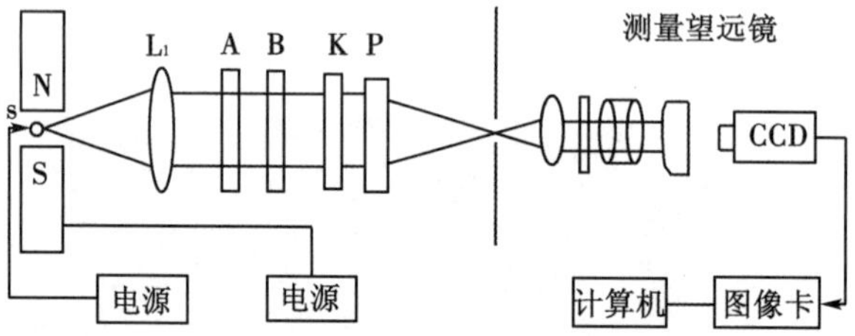

图 1.3.7　塞曼效应实验装置图

F-P 标准具的结构为：两块平面玻璃板，板面的平整度要求在 1/20 至 1/100 波长，为了消除背面的反射所产生的干涉与正面所产生的干涉重叠，每块都不严格地平行于平面玻璃板，板的两个面成一很小的夹角，通常是 20′~30′，平板的表面涂以多层介质薄膜，以提高反射率。两块板的中间放一玻璃环，其厚度为 d，装于固定的载架中。该装置为多光束干涉的应用，其干涉条纹为一组明暗相间、条纹清晰、细锐的同心圆环，其经典用处是常用来测量光的波长。

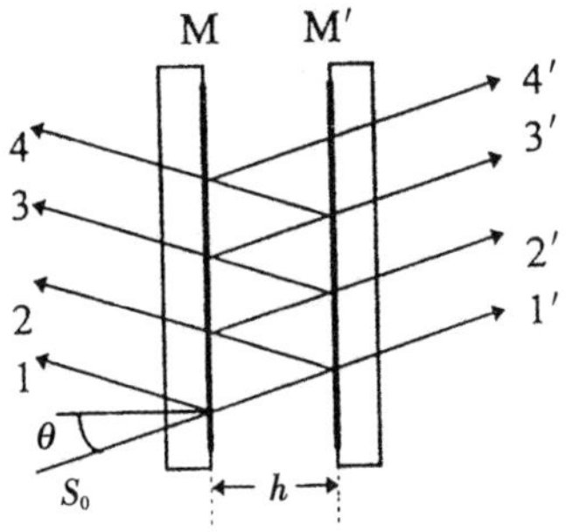

图 1.3.8　法布里-珀罗标准具光路

【实验内容】

① 接通灯源，调整各个部件，使之与灯源在同一轴线上。

② 解脱锁紧螺钉，沿导轨方向调整聚光镜位置，使灯管位于透镜的焦面附近。

③ 纵横向调节 F-P 标准具的位置，使之靠近聚光镜组，并与灯源同轴。

④ 当垂直磁场方向观察、测定横效应时，将 1/4 波片组拿掉。

⑤ 通过可调滑座，可纵横向调整测量望远镜位置，若像偏高或偏低，可解脱望远镜筒螺钉，调整镜筒俯仰，使之与标准具同轴。此时，各级干涉环中心应位于视场中央，亮度均匀，干涉环细锐，对称性好。

⑥ 接通电磁铁与晶体管稳流电源，缓慢增大激磁电流，这时，从测量望远镜目镜中可观察到细锐的干涉环逐渐变粗，然后发生分裂。随着激磁电流的逐渐增大，谱线的分裂宽度也在不断增宽，当激磁电流达到 2A 时，谱线分裂得很清晰、细锐。当旋转偏振片为 0°、45°、90°各不同位置时，可观察到偏振性质不同的 π 成分和 σ 成分。此时，可用测量望远镜进行测量：旋转测微目镜读数鼓轮，用测量分划板的铅垂线依次与被测圆环相切，从读数鼓轮上即读得相应的一组数据，它们的差值即为被测的干涉环直径。

⑦ 分别测量连续三个圆环 D_a、D_b、D_c 的值。算出$D_{2K-1}-D_{2K}$，$D_{2b}-D_{2a}$，$D_{2c}-D_{2b}$的平均值，用式(1.3.14)求出塞曼分裂的波数差 $\Delta\nu_{ab}$和 $\Delta\nu_{bc}$值。

⑧ 实验值与理论值比较。由公式(1.3.10)试计算出 e/m 的实验值。B 为实验时的磁场强度。$\Delta\nu$ 为 $\Delta\nu_{ab}$、$\Delta\nu_{bc}$的平均值。

理论值：基本物理常数 1986 年推荐值 $e/m=1.75881962\times10^{11}$ C/kg

【数据处理】

干涉序	圆心坐标	D_1	D_2	D_3	荷质比$\frac{e}{m}$
k					
$k-1$					
$k-2$					

测量的荷质比$\frac{e}{m}$=________

和推荐值比较所得的偏差 ε=________

【思考题】

① 在实验中，如要沿磁场方向观察塞曼效应，应如何安排实验装置？观察到的干涉花样如何？

② 如何调节法布里-珀罗标准具？

【注意事项】

① 汞灯工作电压很高，实验时要注意安全。

② 必须逐渐使磁场降低到零时，才能切断电磁电源，以防损坏电磁铁。

③ 注意保护磁极，不要使其端面受撞或划痕。在磁极间装、卸汞灯时，要使灯管与两端面积保持 1 mm 的距离。

④ 所有光学元件的光学表面严禁用手触摸。

实验 1.4　氢原子光谱

氢原子核外只有一个电子，是结构最简单的原子，其线状光谱的规律很早就为人们所发现。例如，1885 年，巴尔末在总结氢光谱测量结果后发现一个现在被称为巴尔末公式的规律。也正是受其启发，人们才得以逐步找到其他原子线状光谱的规律。在 20 世纪初期，玻尔(获得 1922 年诺贝尔物理学奖)就建立了氢原子的玻尔理论，该理论的重要基础就是实验上观察到的氢原子的线状光谱规律。众所周知，氢原子的线状光谱是氢原子内部电子做量子化运动产生的必然结果。因此，研究氢原子光谱可视作走向量子世界的第一扇大门。

【实验目的】

① 了解光栅光谱仪测量光谱的方法。

② 掌握氢原子光谱的线状光谱规律，加深对量子理论基础的理解。

③ 测定氢的里德伯常数，加深对近代测量所达到的精度的了解。

【实验原理】

氢原子光谱是最简单、最典型的原子光谱，用电激发氢放电管(氢灯)中的稀薄氢气(压力在 102 Pa 左右)，可得到线状氢原子光谱。瑞士物理学家巴尔末根据实验结果给出氢原子光谱在可见光区域的经验公式

$$\lambda_H=\lambda_0\left(\frac{n^2}{n^2-4}\right) \tag{1.4.1}$$

式中，λ_H 为氢原子谱线在真空中的波长。$\lambda_0=364.57$ nm 是一经验常数。n 取 3, 4, 5 等整数。若用波数表示，则上式变为

$$\frac{1}{\lambda}=R_H\left(\frac{1}{2^2}-\frac{1}{n^2}\right) \tag{1.4.2}$$

式中 R_H 称为氢的里德伯常数。

根据玻尔理论，可以计算氢和类氢原子的里德伯常数

$$R_z=\frac{2\pi^2me^4z^2}{(4\pi\varepsilon_0)^2ch^3(1+m/M)} \tag{1.4.3}$$

式中，M 为原子核质量，m 为电子质量，e 为电子电荷，c 为光速，h 为普朗克常数，ε_0 为真空介电常数，z 为原子序数。

当 $M\to\infty$时，里德伯常数的表达式(1.4.3)变为下式

$$R_\infty=\frac{2\pi^2me^4z^2}{(4\pi\varepsilon_0)^2ch^3} \tag{1.4.4}$$

即

$$R_z=R_\infty\frac{1}{1+m/M} \tag{1.4.5}$$

将氢原子的原子核质量和电子质量带入式(1.4.5)，可得氢的里德伯常数。

$$R_H=R_\infty\frac{1}{1+m/M_H} \tag{1.4.6}$$

因此，通过实验测得氢的巴尔末线系的前几条谱线的波长，由式(1.4.6)就可求得氢的里德伯常数 R_H。里德伯常数 R_∞ 是重要的基本物理常数之一，对它的精密测量在科学上有重要意义，目前它的推荐值为 $R_\infty=10973731.56849\ \text{m}^{-1}$。

【实验仪器】

本实验使用的光谱测量装置是 WGD-8/8A 型多功能光栅光谱仪。其光路如图 1.4.1 所示，其中 M1 为反射镜、M2 为准光镜、G 为平面衍射光栅、M3 为物镜、S1 为入射狭缝、经过 S2 后光电倍增管接收、经过狭缝 S3 用 CCD 接收。入射狭缝、出射狭缝均为直狭缝，宽度范围 0~2.5 mm 连续可调，光源发出的光束进入入射狭缝 S1，狭缝 S2 位于反

射式准光镜 M2 的焦面上，通过 S1 入射的光束经 M2 反射成平行光束投向平面光栅 G 上，衍射后的平行光束经物镜 M3 成像在 S2 上和 S3 上，通过狭缝 S3 可以观察光的衍射情况，以便调节光栅；光通过 S2 后用光电倍增管接收，送入计算机进行分析。

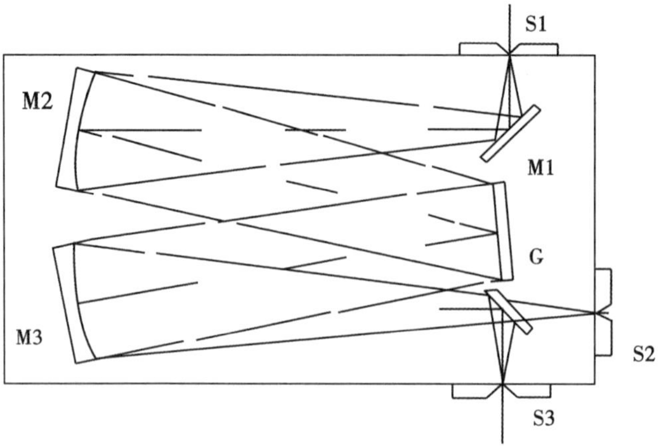

图 1.4.1　光栅光谱仪光路图

在光栅光谱仪中常使用反射式闪耀光栅，其刻痕是锯齿形状。闪耀光栅将同一波长的衍射光集中到某一特定的级 k 上。为了对光谱扫描，将光栅安装在转盘上，转盘由电机驱动，转动转盘，可以改变入射角 i，改变波长范围，实现较大波长范围的扫描，软件中的初始化工作，就是改变入射角 i 的大小，从而改变测试波长范围。对光谱仪的调整和操作都是通过操作其配套软件来完成的。

【实验内容】

1. 光谱仪检查

认真检查光栅光谱仪的各个部分(单色仪主机、电控箱、接受单元、计算机)连线是否正确，保证准确无误。为了保证仪器的性能指标和寿命，在每次使用完毕，将入射狭缝宽度、出射狭缝宽度分别调节到 0.1 mm 左右。在仪器系统复位完毕后，根据测试和实验的要求分别调节入射狭缝宽度、出射狭缝宽度到合适的宽度。

WGD-8/8A 组合式多功能光栅光谱仪根据仪器型号的不同配有光电倍增管、CCD、硫化铅、钽酸锂、TGS 等不同接收单元。注意，若采用光电倍增管作为接收单元，一定不要在光电倍增管加有负高压的情况下，使其暴露在强光(包括自然光)下。在使用结束后，一定要注意调节负高压旋钮使负高压归零，然后再关闭电控箱。仪器的入射狭缝和出射狭缝均为直狭缝，宽度范围 0~2 mm 连续可调，顺时针旋转为狭缝宽度加大，反之减小。每旋转一周狭缝宽度变化 0.5 mm，最大调节宽度为 2 mm。为延长使用寿命，狭缝宽度调节时应注意最大不要超过 2 mm。仪器测量完毕或平常不使用时，狭缝最好调节到 0.1~0.5 mm。电控箱包括电源、信号放大、控制系统和光源系统。在运行仪器操

作软件前一定要确认所有的连接线正确连接且已经打开电控箱的开关。仪器的参数设置和测量均由计算机来完成。

2. 采用标准灯光谱进行波长校准

光栅光谱仪由于震动等各种原因，可能会使波长准确度产生偏差，因此在使用前应该用已知的光谱线来校准仪器的波长准确度。在平常使用中，也应定期检查仪器的波长准确度。

检查仪器波长准确度可用氘灯（标准值为 589.0 nm）、钠灯（标准值为 589.6 nm）、汞灯，以及其他已知光谱线的来源来进行。

（1）用钠灯谱线校准

利用钠灯的两根谱线的波长值（标准值为 589.0 nm 和 589.6 nm）来校准仪器。根据能量信号大小手工调节入射狭缝和出射狭缝，扫描钠灯光谱。如果波长有偏差，用“零点波长校正”功能进行校正。

（2）用汞灯谱线校正

利用汞灯的五根谱线的波长值（标准值为 404.7，435.8，546.1，577.0，579.0 nm）来校准仪器。根据能量信号大小手工调节入射狭缝和出射狭缝，扫描汞灯光谱。如果波长有偏差，用“波长线性校正”功能进行校正。

3. 测量氢原子的光谱

（1）观察氢原子光谱

调节狭缝、步长、电压等，在全波长扫描光谱。观察谱线位置，进行标准值比较。

（2）测量氢光谱峰位

减小步长，利用操作软件的寻峰（自动/半自动/手动）功能，确定光谱的各个峰位，并记录数据。

（3）观察各条谱线的轮廓（选做）

制定扫描范围，扫描各谱线，选用合适的线型，计算其峰位和谱线宽度，和第二步的结果进行比较。

（4）计算氢原子里德伯常数

用玻尔模型计算氢原子的里德伯常数。

【数据处理】

n	6	5	4	3
λ_H/nm				
R_H/m^{-1}				
R_∞/m^{-1}				

测量的里德伯常数 R_∞ =________。

和推荐值比较所得的偏差 ε=________。

【思考题】

① 测得的谱线峰位值，可以从哪些方面考虑进行修正？

② 按照玻尔理论，氢原子光谱的光谱是线状光谱，但实际测量的结果为什么却会有一定宽度？

③ 式(1.4.4)用到的条件是 $m \to \infty$，其物理意义是什么？

【注意事项】

① 光电倍增管不宜受强光照射，因此测量时不要使入射光太强。

② 氢灯的电压很高，在使用过程中不要触摸。

实验 1.5　核磁共振

核磁共振(nuclear magnetic resonance)，是指具有磁矩的原子核在静磁场中，受到电磁波的激发而产生的共振跃迁现象。1945 年 12 月，美国哈佛大学珀塞尔(E.M.Purcell)等人，首先观察到石蜡样品中质子(即氢原子核)的核磁共振吸收信号。1946 年 1 月，美国斯坦福大学布珞赫(F.Bloch)研究小组在水样品中也观察到质子的核磁共振信号。两人由于这项成就，获得 1952 年诺贝尔物理学奖。

由于核磁共振技术能深入物质内部又不破坏物质结构，因此在此后的半个多世纪，核磁共振技术得到迅速发展，其应用范围也在不断扩大。除物理学本身外，核磁共振技术在化学、生物学、医学等方面得到了广泛的应用。应用核磁共振技术不仅能够获得核运动状况的知识，还可以得到核所在环境的相关信息，在物质微观结构及医学诊断等领域得到广泛应用，同时，核磁共振的方法也是测量磁场的最准确的方法之一。希望通过本实验能使同学了解核磁共振基本原理和实验方法。

【实验目的】

① 了解核磁共振的基本原理。

② 观察核磁共振稳态吸收信号及尾波信号。

③ 学习利用核磁共振方法校准恒定磁场 B_0。

【实验原理】

核磁共振可从两个角度阐明。

1. 量子力学观点

(1) 单个核的磁共振

以氢核为例子：

通常将原子核的总磁矩 μ_J 在其角动量 $\boldsymbol{P}$ 方向的投影 $\boldsymbol{\mu}$ 称为核磁矩。它们之间关系可写成：

$$\mu=\gamma\boldsymbol{P} \tag{1.5.1}$$

对于质子，式中 $\gamma=\frac{g_N e}{2m_p}$ 称为旋磁比，其大小和符号决定于核的内部结构和特性。其中 e 为质子电荷，m_p 为质子质量，g_N 为核的朗德因子。按照量子力学，原子核角动量的大小由下式决定：

$$P=\sqrt{I(I+1)}\,\hbar \tag{1.5.2}$$

式中 $\hbar$ 为普朗克常数，I 为核自旋量子数，对于氢核 $I=\frac{1}{2}$。把氢核放在外磁场 $\boldsymbol{B}$ 中，取坐标轴 z 方向为 $\boldsymbol{B}$ 的方向。核角动量在 $\boldsymbol{B}$ 方向的投影值由下式决定：

$$P_z=m\hbar \tag{1.5.3}$$

式中 m 为核的磁量子数，可取 $m=I,\ I-1,\ \cdots,\ -I$。对于氢核 $m=-\frac{1}{2},\ \frac{1}{2}$。

核磁矩在 z 方向的投影值

$$\mu_z=\gamma P_z=g_N\frac{e}{2m_p}m\hbar=g_N\left(\frac{e\hbar}{2m_p}\right)m \tag{1.5.4}$$

将之写为

$$\mu_z=g_N\mu_N m \tag{1.5.5}$$

式中 $\mu_N=\frac{e\hbar}{2m_p}=5.050787\times10^{-27}$ J/T，称为核磁子，用作核磁矩的单位。磁矩为 μ 的原子核在恒定磁场中具有势能

$$E=-\mu B=-\mu_z B=-g_N\mu_N mB \tag{1.5.6}$$

任何两个能级间能量差为

$$\Delta E=E_{m_1}-E_{m_2}=-g_N\mu_N B(m_1-m_2) \tag{1.5.7}$$

根据量子力学选择定则，只有 $\Delta m=\pm1$ 的两个能级之间才能发生跃迁，其能量差为

$$\Delta E=g_N\mu_N B \tag{1.5.8}$$

若实验时外磁场为 $\boldsymbol{B}_0$，用频率为 ν_0 的电磁波照射原子核，如果电磁波的能量 $h\nu_0$ 恰好等于氢原子核两能级能量差，即

$$h\nu_0=g_N\mu_N B_0 \tag{1.5.9}$$

则氢原子核就会吸收电磁波的能量，由 $m=\frac{1}{2}$ 的能级跃迁到 $m=-\frac{1}{2}$ 的能级，这就是核磁共振吸收现象。式(1.5.9)为核磁共振条件。为使用上的方便，常把它写为：

$$\nu_0=\left(\frac{g_N\mu_N}{h}\right)B_0 \tag{1.5.10}$$

或

$$\omega_0=\gamma B_0 \tag{1.5.11}$$

为本实验的理论公式，ω_0称为共振频率。可见核磁共振就是原子核在外磁场和与之垂直的射频磁场同时作用下且满足共振条件时所发生的共振。对于氢核，$\gamma_H=2.67522\times 10^2$ MHz/T。

(2)核磁共振信号强度

实验所用样品为大量同类核的集合。低能级上的核数目比高能级上的核数目略微多些，但低能级上参与核磁共振吸收未被共振辐射抵消的核数目很少，所以核磁共振信号非常微弱。

通常，温度 T 越低，B_0越高，则共振信号越强。因而核磁共振实验要求磁场强些。另外，还需磁场在样品范围内高度均匀，若磁场不均匀，则信号被噪声所淹没，难以观察到核磁共振信号。

2. 经典理论观点

(1)单个核的拉摩尔进动

具有磁矩$\boldsymbol{\mu}$ 的原子核放在恒定磁场 $\boldsymbol{B}_0$中，设核角动量为 $\boldsymbol{P}$，则由经典理论可知：

$$\frac{\mathrm{d}\boldsymbol{P}}{\mathrm{d}t}=\boldsymbol{\mu}\times\boldsymbol{B}_0 \tag{1.5.12}$$

将式(1.5.1)代入式(1.5.12)得：

$$\frac{\mathrm{d}\mu}{\mathrm{d}t}=\gamma(\boldsymbol{\mu}\times\boldsymbol{B}_0) \tag{1.5.13}$$

由推导可知核磁矩$\boldsymbol{\mu}$ 在静磁场 $\boldsymbol{B}_0$中的运动特点为：

① 围绕外磁场 $\boldsymbol{B}_0$做进动，进动角频率 $\varpi_0=\gamma B_0$，跟$\boldsymbol{\mu}$ 和 $\boldsymbol{B}_0$间夹角 θ 无关；

② 它在 xy 平面上的投影$\mu_\perp$是一常数；

③ 它在外磁场 $\boldsymbol{B}_0$方向上的投影μ_z为常数。

如果在与 $\boldsymbol{B}_0$垂直方向上加一个旋转磁场 $\boldsymbol{B}_1$，且 $\boldsymbol{B}_1\ll\boldsymbol{B}_0$，设 $\boldsymbol{B}_1$的角频率为ω_1，当$\omega_1=\omega_0$时，则旋转磁场 $\boldsymbol{B}_1$与进动着的核磁矩$\boldsymbol{\mu}$ 在运动中总是同步。可设想建立一个旋转坐标系 x'，y'，z'，z'与固定坐标系 x，y，z 的 z 轴重合，x'与 y'以角速度 ω_1绕 z 轴旋转。则从旋转坐标系来看，$\boldsymbol{B}_1$对$\boldsymbol{\mu}$ 的作用恰似恒定磁场，它必然要产生一个附加转矩。因此$\boldsymbol{\mu}$ 也要绕 $\boldsymbol{B}_1$做进动，使$\boldsymbol{\mu}$ 与 $\boldsymbol{B}_0$间夹角 θ 发生变化。由核磁矩的势能公式

$$E=-\boldsymbol{\mu}\boldsymbol{B}=-\mu B\cos\theta \tag{1.5.14}$$

可知，θ 的变化意味着磁势能 E 的变化。这个改变是以所加旋转磁场的能量变化为代价的。即当 θ 增加时，核要从外磁场 $\boldsymbol{B}_1$中吸收能量，这就是核磁共振现象。共振条件是：

$$\omega_1=\omega_0=\gamma B_0 \tag{1.5.15}$$

这一结论与量子力学得出的结论一致。如果外磁场 $\boldsymbol{B}_1$ 的旋转速度 $\omega_1 \neq \omega_0$，则 θ 角变化不显著，平均起来变化为零，观察不到核磁共振信号。

(2) 布洛赫方程

上面讨论的是单个核的核磁共振，但实验中观察到的现象是样品中磁化强度矢量 $\boldsymbol{M}$ 变化的反映，所以必须研究 $\boldsymbol{M}$ 在外磁场 $\boldsymbol{B}$ 中的运动方程。

在核磁共振时，有两个过程同时起作用，一是受激跃迁，核磁矩系统吸收电磁波能量，其效果是使上下能级的粒子数趋于相等；一是弛豫过程，核磁矩系统把能量传与晶格，其效果是使粒子数趋向于热平衡分布。这两个过程达到一个动态平衡，于是粒子差数稳定在某一新的数值上，我们可以连续地观察到稳态的吸收。

首先，研究磁场对 $\boldsymbol{M}$ 的作用。在外磁场 $\boldsymbol{B}$ 作用下，由式(1.5.13)可得：

$$\frac{\mathrm{d}\boldsymbol{M}}{\mathrm{d}t}=\gamma(\boldsymbol{M}\times\boldsymbol{B}) \tag{1.5.16}$$

可导出 $\boldsymbol{M}$ 围绕 $\boldsymbol{B}$ 做进动，进动角频率 $\omega=\gamma B$。假定外磁场 $\boldsymbol{B}$ 沿 z 轴方向，再沿 x 轴方向加一线偏振磁场

$$\boldsymbol{B}_1=2B_1(\cos\omega t)\boldsymbol{e}_x \tag{1.5.17}$$

式中 $\boldsymbol{e}_x$ 为沿 x 轴的单位矢量，$2B_1$ 为振幅。根据振动理论，该线偏振场可看作左旋圆偏振场和右旋圆偏振场的叠加，只有当圆偏振场的旋转方向与进动方向相同时才起作用。对于 γ 为正的系统，只有顺时针方向的圆偏振场起作用。

以此为例，$B_1=B_{1顺}$。则 $\boldsymbol{B}_1$ 在坐标轴的投影为

$$B_{1x}=B_1\cos\omega t \tag{1.5.18}$$

$$B_{1y}=-B_1\sin\omega t \tag{1.5.19}$$

当旋转磁场 $\boldsymbol{B}_1$ 不存在且自旋系统与晶格处于热平衡时，$\boldsymbol{M}$ 只有沿外磁场 z 方向的分量 M_z，而 $M_x=M_y=0$，则

$$M_z=M_0=\chi_0 H=\chi_0 B/\mu_0 \tag{1.5.20}$$

式中 χ_0 为静磁化率，μ_0 为真空磁导率，M_0 为自旋系统与晶格达到热平衡时的磁化强度。

其次，考虑弛豫对 $\boldsymbol{M}$ 的影响。核磁矩系统吸收了旋转磁场的能量后，处于高能态的核数目增大($M_z<M_0$)，偏离了热平衡态。由于自旋与晶格的相互作用，晶格将吸收核的能量，使核跃迁到低能态而向热平衡过渡，表示这个过渡的特征时间称为纵向弛豫时间，以 T_1 表示。假设 M_z 向平衡值 M_0 过渡的速度与 M_z 偏离 M_0 的程度(M_z-M_0)成正比，则 M_z 的运动方程可写成：

$$\frac{\mathrm{d}M_z}{\mathrm{d}t}=\frac{-(M_z-M_0)}{T_1} \tag{1.5.21}$$

此外，自旋和自旋间也存在相互作用，对每个核而言，都受邻近其他核磁矩所产生局部磁场的作用，而这个局部磁场对不同的核稍有不同，因而使每个核的进动角频率也不尽相同。假若某时刻所有的核磁矩在 xy 平面上的投影方向相同，由于各个核的进动角

频率不同，经过一段时间 T_2后，各个核磁矩在 xy 平面上的投影方向将变为无规律分布，从而使 M_x和 M_y最后变为零。T_2称为横向弛豫时间。与 M_z类似，假设 M_x和 M_y向零过渡的速度分别与 M_x和 M_y成正比，则运动方程可写成：

$$\left.\begin{aligned}\frac{\mathrm{d}M_x}{\mathrm{d}t}&=-\frac{M_x}{T_2}\\\frac{\mathrm{d}M_y}{\mathrm{d}t}&=-\frac{M_y}{T_2}\end{aligned}\right\}\tag{1.5.22}$$

同时考虑磁场 $\boldsymbol{B}=\boldsymbol{B}_0+\boldsymbol{B}_1$和弛豫过程对磁化强度 $\boldsymbol{M}$ 的作用，如果假设各自的规律性不受另一因素影响，由式(1.5.16)、式(1.5.18)、式(1.5.19)、式(1.5.20)、式(1.5.22)，就可简单地得到描述核磁共振现象的基本运动方程：

$$\frac{\mathrm{d}\boldsymbol{M}}{\mathrm{d}t}=\gamma\boldsymbol{M}\times\boldsymbol{B}-\frac{1}{T_2}(M_x\mathbf{i}+M_y\mathbf{j})-\frac{1}{T_1}(M_z-M_0)\mathbf{k}\tag{1.5.23}$$

该方程称为布洛赫方程。其中 $\boldsymbol{B}=\mathbf{i}B_1\cos\omega t-\mathbf{j}B_1\sin\omega t+\mathbf{k}B_0$。方程(1.5.23)的分量式为

$$\left.\begin{aligned}\frac{\mathrm{d}M_x}{\mathrm{d}t}&=\gamma(M_yB_0+M_zB_1\sin\omega t)-\frac{M_x}{T_2}\\\frac{\mathrm{d}M_y}{\mathrm{d}t}&=\gamma(M_zB_1\cos\omega t-M_xB_0)-\frac{M_y}{T_2}\\\frac{\mathrm{d}M_z}{\mathrm{d}t}&=-\gamma(M_xB_1\sin\omega t+M_yB_1\cos\omega t)-\frac{1}{T_1}(M_z-M_0)\end{aligned}\right\}\tag{1.5.24}$$

在各种条件下解上述方程，可以解释各种核磁共振现象，一般来说，对液体样品是相当正确的，而对固体样品不很理想。本实验中，质子样品(含氢原子的液体，如：水)的实验结果就比氟样品(如：三氟化铁)精确。

建立旋转坐标系 x'，y'，z'，$\boldsymbol{B}_1$与 x'重合，$\boldsymbol{M}_\perp$为 $\boldsymbol{M}$ 在 xy 平面内的分量，u 和$-v$ 分别为$\boldsymbol{M}_\perp$在 x'和 y'方向上的分量，推导可知 M_z的变化是 v 的函数而非 u 的函数，而 M_z的变化表示核磁化强度矢量的能量变化，所以 v 变化反映了系统能量的变化。如果磁场或频率的变化十分缓慢，可得稳态解

$$\left.\begin{aligned}u&=\frac{\gamma B_1T_2^2(\omega_0-\omega)M_0}{1+T_2^2(\omega_0-\omega)^2+\gamma^2B_1^2T_1T_2}\\v&=-\frac{\gamma B_1M_0T_2}{1+T_2^2(\omega_0-\omega)^2+\gamma^2B_1^2T_1T_2}\\M_z&=\frac{[1+T_2^2(\omega_0-\omega)]M_0}{1+T_2^2(\omega_0-\omega)^2+\gamma^2B_1^2T_1T_2}\end{aligned}\right\}\tag{1.5.25}$$

则可得 u，v 随 ω 变化的函数关系曲线，如图 1.5.1 所示，(a)称为色散信号，(b)称为吸收信号。可知当外加旋转磁场 B_1的角频率 ω 等于 M 在磁场 B_0中进动的角频率 ω_0时，吸收信号最强，即出现共振吸收。

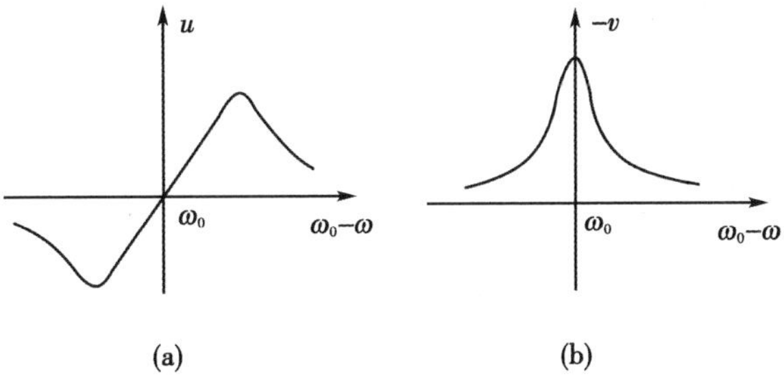

图 1.5.1　核磁共振时的色散信号和吸收信号

此外，在做核磁共振实验时，观察到的共振信号出现“尾波”，这是由于频率调制速度太快，不满足布洛赫方程稳态解的“通过共振”条件。

【实验方法】

1. 实现核磁共振的方法

由核磁共振产生的条件 $\omega=\omega_0=\gamma B_0$ 可知，可用两种方法实现核磁共振，即保持磁场 B_0 不变，改变旋转磁场的频率 ω_0，称为扫频法；保持旋转磁场的频率 ω_0 不变，改变扫描磁场的值，称为扫场法。本实验采用扫频法。

2. 对稳恒磁场的校准

由共振条件可知，只有 $\dfrac{\omega}{\gamma}=B$ 才会发生共振。总磁场为

$$B=B_0+B'\cos\omega' t \tag{1.5.26}$$

其中 B' 是交变磁场的幅度，ω' 是市电的圆周频率，总磁场在 (B_0-B') 到 (B_0+B') 的范围内按图 1.5.2 所示的正弦曲线随时间变化，只有 $\dfrac{\omega}{\gamma}$ 落在这个范围内才能发生共振。为了容易找到共振信号，要加大 B'（即把可调变阻器的输出调到较大数值），使可能发生共振的磁场变化范围增大；另一方面要调节射频场的频率，使 $\dfrac{\omega}{\gamma}$ 落在这个范围，一旦 $\dfrac{\omega}{\gamma}$ 落在这个范围，在磁场变化的某些时刻的总磁场 $B=\dfrac{\omega}{\gamma}$，在这些时刻就能观察到共振信号，如图 1.5.2 所示；共振发生在数值为 $\dfrac{\omega}{\gamma}$ 的水平虚线与代表总磁场变化的正弦曲线交点对应的时刻。水的共振信号将出现尾波振荡，而且磁场越均匀尾波中的振荡次数越多。因此一旦观察到共振信号，应进一步仔细调节电路盒在木座上的左右位置，使尾波中振荡的次数最多，也就是探头处在磁铁中磁场最均匀的位置，并利用木座上的标尺记下此时电路盒边缘的位置。

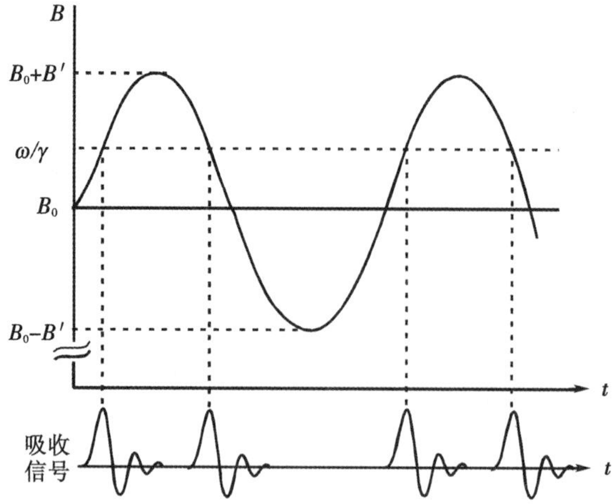

图 1.5.2　共振曲线

由图 1.5.2 可知，只要$\frac{\omega}{\gamma}$落在$(B_0-B')\sim(B_0+B')$范围内就能观察到共振信号，但这时$\frac{\omega}{\gamma}$未必正好等于B_0，从图上可以看出：当$\frac{\omega}{\gamma}\neq B_0$时，各个共振信号发生的时间间隔并不相等，共振信号在示波器上的排列不均匀，只有当$\frac{\omega}{\gamma}=B_0$时，它们才均匀排列，这时共振发生在交变磁场过零时刻，而且从示波器的时间标尺可测出它们的时间间隔为 10 ms。当然，当$\frac{\omega}{\gamma}=B_0-B'$或$\frac{\omega}{\gamma}=B_0+B'$时，在示波器上也能观察到匀排的共振信号，但它们的时间间隔不是 10 ms，而是 20 ms，因此，只有当共振信号均匀排列而且间隔为 10 ms 时才有$\frac{\omega}{\gamma}=B_0$，这时频率计的读数才是与$B_0$对应的质子的共振频率。

作为定量测量，我们除了要求测出待测量的数值外，还关心如何减小测量误差，并力图对误差的大小作出定量估计，从而确定测量结果的有效数字。从图 1.5.2 可以看出，一旦观察到共振信号，B_0的误差不会超过扫场的幅度B'，因此，为了减小估计误差，在找到共振信号之后应逐渐减小扫场的幅度B'，并相应地调节射频场的频率，使共振信号保持间隔为 10 ms 的均匀排列，在能观察到和分辨出共振信号的前提下，力图把B'减小到最小程度，记下B'达到最小而且共振信号保持间隔为 10 ms 均匀排列时的频率ν_N，并求出磁场中待测区域的B_0值。

为了定量估计B_0的测量误差ΔB_0，首先必须测出B'的大小，可采用以下步骤：保持这时扫场的幅度不变，调节射频场的频率，使共振发生在(B_0+B')与(B_0-B')处，这时图 1.5.2 中与$\frac{\omega}{\gamma}$对应的水平虚线将分别与正弦波的峰顶和谷底相切，即共振分别发生在正弦波的峰顶和谷底附近，这时从示波器看到的共振信号均匀排列，但时间间隔为 20 ms，

记下这两次的共振频率 ν_N' 和 ν_N''，利用公式

$$B' = \frac{(\nu_N' - \nu_N'')}{\gamma/2\pi} \tag{1.5.27}$$

可求出扫场的幅度。

实际上，共振信号等间隔排列的判断误差一般不超过 10%，因此 ΔB_0 可取式(1.5.27)的1/10，即

$$\Delta B = \frac{B'}{10} \tag{1.5.28}$$

现象观察：适当增大 B'，观察到尽可能多的尾波振荡，然后向左(或向右)逐渐移动电路盒在木座上的左右位置，使下端的探头从磁铁中心逐渐移动到边缘，同时观察移动过程中共振信号波形的变化并加以解释。

3. 实验中观测到的核磁共振信号的特点

在上述分析中，要求施加在系统上的调制磁场很弱，磁场的扫描速度十分缓慢，但实验中是无法做到的，即不满足理论要求的慢通过共振区的稳恒条件，实际通过共振点的时间比弛豫时间 T_1 和 T_2 小得多，不能保证通过各瞬时磁场时达到稳定平衡，出现动态的核磁共振。根据不同的扫描速度即不同的调制磁场 B_m 和 ω_m，可以观察到不同的共振吸收信号，如图 1.5.3 所示。

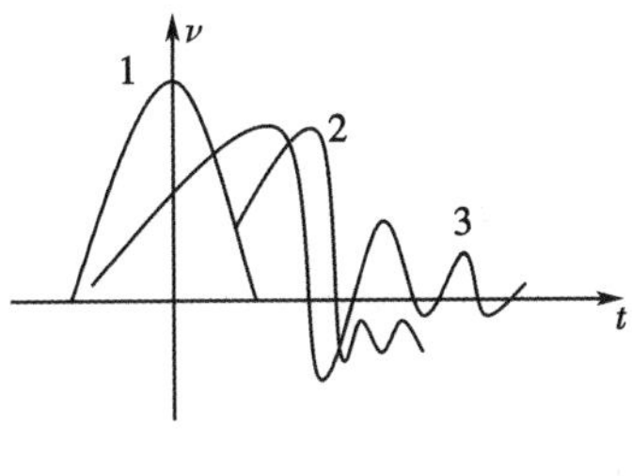

图 1.5.3　不同扫描速度的共振吸收信号

1—扫描速度趋近于 0；2—扫描速度为某一定值；3—扫描速度较大

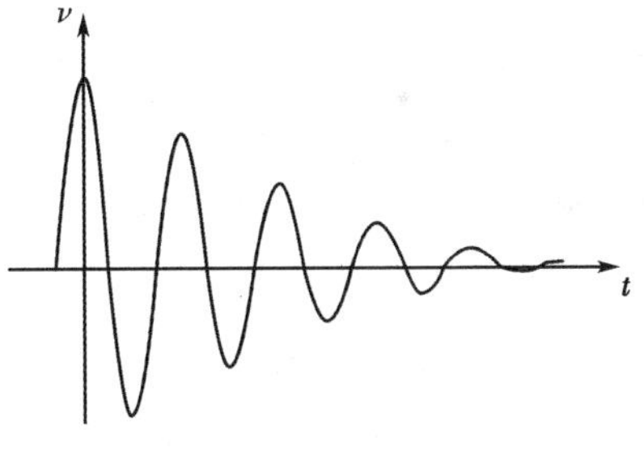

图 1.5.4　共振吸收信号测量 T_2 示意图

为观测信号方便，实验中一般采用较快扫描速度，此时的共振吸收信号的形状为：除一个共振吸收的高峰外，还会出现呈衰减振动的一系列小峰，这个衰减的小峰称为尾波。尾波是由于弛豫效应引起的，从理论上可以推出，衰减振动的幅度的包迹与横向弛豫时间 T_2 及磁场的均匀性有关，可以近似地表示为：

$$S(t) = S(0)\mathrm{e}^{-\frac{t}{T_2}}\cos[(\omega_0 - \omega) + \phi_0] \tag{1.5.29}$$

式中，$S(0)$ 和 $S(t)$ 分别表示共振曲线上的最高峰和 t 时刻的包络幅度。利用式(1.5.29)

则可以测出横向弛豫时间。对核磁共振来说，弛豫时间T_2除了与自旋-自旋相互作用引起的横向弛豫时间T_2'有关以外，还与磁场的均匀程度有关，且影响很大（甚至起主要作用），因此可以把T_2分成两部分：横向弛豫时间T_2'和由磁场不均匀 ΔB 引起的弛豫时间T_2''，利用此关系可以测量弛豫时间和磁场的均匀程度。

【实验仪器】

示波器、频率计、电磁铁、水（氢核、氟核）。

【实验内容】

① 观察水的氢核、氟核样品的共振信号。

② 绘制氢核波形图，记录好相关频率数据。

③ 绘制氟核波形图，记录好相关频率数据。

操作步骤：

1. 记录下仪器的编号和样品盒的编号

本实验的静磁场场强均在0.57 T左右，所以水的氢核共振频率为24~25 MHz。接好线路后，调整扫场、共振频率、幅度和示波器参数，观察水的氢核和氟核样品的核磁共振信号，使之达到幅度最大和稳定，记录调整好后的参数（频率、最大振幅、调整旋钮的位置）和波形。绘制一张包含两个样品波形的图并把编号及调整好后的参数也记录在上面。这一内容应该结合后面的实验内容一起做。

2. 标定样品所处位置的磁场强度 B_0

把样品为水（掺有三氟化铁）的探头下端的样品盒插入到磁铁中心，并使电路盒水平放置在磁铁上方的机座上，左右移动电路盒使它大致处于机座的中间位置，将电路盒背面的“频率测试”和“共振信号”分别与频率计和示波器连接，把示波器的扫描速度旋钮放在5毫秒/格位置，纵向放大旋钮放在0.1伏/格或0.2伏/格位置，打开频率计、示波器和边限振荡器的电源开关，这时频率计应有读数，接通可调变阻器电流到中间位置，缓慢调节边限振荡器的频率旋钮，改变振荡频率（由小到大或由大到小），同时监视示波器，搜索共振信号。

【注意事项】

① 变压器上的电压值应调在100 V左右。

② 样品应放在永磁铁的中心位置。

【数据处理】

氢核与氟核的频率记录表：

$(\gamma/2\pi)_N$/(MHz · T^{-1})	ν_N/MHz	ν_N'/MHz	ν_N''/MHz
42.576375			
μ_N/h/(MHz · T^{-1})	ν_F/MHz	ν_F'/MHz	ν_F''/MHz
7.6225914			

$$\overline{B}_0=\frac{\nu_N}{(\gamma/2\pi)_N}$$

$$\Delta B_0=\frac{(\nu_N'-\nu_N'')/20}{(\gamma/2\pi)_N}$$

$$B_0=\overline{B}_0\pm\Delta B_0$$

$$E_{B_0}=\frac{\Delta B_0}{\overline{B}_0}\times 100\%$$

$$\overline{g}=\frac{\nu_F/\overline{B}_0}{\mu_N/h}$$

$$\Delta\nu_F=\frac{\nu_F'-\nu_F''}{20}$$

$$E_g=\sqrt{\left(\frac{\Delta\nu_F}{\nu_F}\right)^2+\left(\frac{\Delta B_0}{\overline{B}_0}\right)^2}\times 100\%$$

$$\Delta g=E_g\cdot\overline{g}$$

$$g=\overline{g}\pm\Delta g$$

【思考题】

① 如何确定磁场为 B_0时核磁共振的共振频率 ν_0?

② 试述如何调节出共振信号。

③ 不加扫场电压能否观察到共振信号?

第 2 章　激光与光学实验

实验 2.1　光电效应测定普朗克常数

在原子物理、量子力学的发展史上大致有三类最重要、最有名的实验：第一类是证实光量子的实验，包括黑体辐射、光电效应、康普顿散射等实验；第二类是证实原子中量子态的实验，如氢光谱及其他原子、分子光谱实验、夫兰克-赫兹实验、史特恩-盖拉赫实验等；第三类是证实物质波动性的实验，最重要的是电子衍射实验。另外，还有电子电荷的精确测量，以及作为电子自旋假设重要依据的塞曼效应等实验。这些实验构成了一个比较完整的体系，成为量子理论的坚实基础。

其中，光电效应实验不仅论证了爱因斯坦的光量子理论，而且首次在实验中准确测量和验证了普朗克常数。普朗克常数联系着微观世界普遍存在的波粒二象性和能量交换量子化的规律。因此，光电效应实验的成功从根本性确立了量子世界的存在，成为量子物理领域的重要奠基石。

如今，光电效应原理已经被广泛地应用于各种科技领域，利用光电效应原理制成的光电器件(如光电管、光电池、光电倍增管等)已成为生产和科研中不可缺少的器件。本实验要求学生用“减速法”验证爱因斯坦方程，并由此测出普朗克常量。通过实验了解光电效应基本规律，加深对光的粒子性的认识。

【实验目的】

① 通过实验了解光的量子性。

② 测量光电管的弱电流特性，找出不同光频率下的截止电压。

③ 验证爱因斯坦方程，并由此求出普朗克常数。

【实验原理】

1. 光电效应的定义

光电效应现象的具体描述：一定频率的光照射到金属或其化合物表面上，表面附近的电子吸收光子能量获得动能，并克服逸出功进入表面外空间，成为自由电子的现象，称为光电效应(相对于后来发现的内光电效应现象，确切说这里指的是外光电效应)。

2. 光电效应现象的实验规律

① 仅当 $\nu>\nu_C$（ν_C 为截止频率）时才发生光电效应，截止频率与材料有关，但与入射光强无关。

② 光电子的最大初动能与入射光的强度无关，只随入射光的频率的增大而增大。（即截止电压 U_C 与入射光频率 ν 具有线性关系。这一线性关系是由爱因斯坦在 1905 年预言，并由密立根在 1914 年通过实验证实的。）

③ 当 $\nu>\nu_C$ 时，在同一频率下，饱和光电流强度 I_m 正比于入射光强 P。

④ 光电效应是瞬时效应。当光照射到金属表面时，几乎立即就有光电子逸出，时间约为 10^{-9} s。

3. 光电效应现象的解释

爱因斯坦突破了光的能量连续分布的观念，他认为光是以能量 $E=H\nu$ 的光量子的形式一份一份向外辐射。光电效应中，具有能量 $h\nu$ 的一个光子作用于金属中的一个自由电子，光子能量或者被电子完全吸收，或者完全不吸收。电子吸收光子能量 $h\nu$ 后，一部分用于克服逸出功 $e\varphi$，剩余部分成为逸出电子的最大初动能为

$$\frac{1}{2}mv_0^2=h\nu-e\varphi \tag{2.1.1}$$

式(2.1.1)称为爱因斯坦光电效应方程。式中 h 为普朗克常数，其公认值 $h=6.626176\times10^{-34}$ J·s，v_0 为光电子进入到表面外空间的初速度。

由式(2.1.1)可知，当 $h\nu-e\varphi=0$ 即 $h\nu=h\nu_C=e\varphi$ 时，$\frac{1}{2}mv_0^2=0$，即存在一个截止频率 ν_C，此时吸收的光子能量 $h\nu_C$ 恰好等于电子逸出功 $e\varphi$，没有多余能量；当 $\nu<\nu_C$ 时，没有光电流；只有入射光的频率 $\nu>\nu_C$ 时，才有光电流。由于不同金属的逸出功数值不同，所以有不同的截止频率。而且，当光子入射金属表面时，若 $\nu>\nu_C$，一个光子携带的能量 $h\nu$ 一次为一个电子全部吸收，电子立即逸出而不需要时间积累。即光电效应具有瞬时性。当 ν 远大于 ν_C 时，光电子具有较大的初动能，在阳极不加电压，甚至阳极电位低于阴极电位时，也会有光电子到达阳极，产生光电流。

4. 实验方法解析

本实验采用减速电场法，如图 2.1.1 所示。

单色光透过光电管的玻璃口照射到阴极 K 上，从 K 发射出的光电子向阳极 A 运动，在阳极加上相对阴极为负的电压 U，以阻止光电子向阳极运动。随着反向电压 U 的增加，到达阳极的电子数减少，光电流减少。当反向电压满足

$$eU=eU_C=\frac{1}{2}mv_0^2 \tag{2.1.2}$$

时将没有光电子到达阳极，光电流为零，称 U_C 为截止电压。由式(2.1.1)和式(2.1.2)得

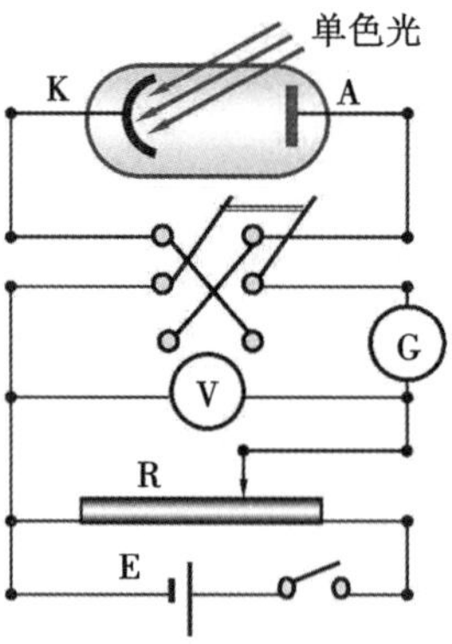

图 2.1.1　光电效应实验电路图

$$eU_C=h\nu-e\varphi \tag{2.1.3}$$

即

$$U_C=\frac{h\nu}{e}-\varphi \tag{2.1.4}$$

将 $h\nu_C=e\varphi$ 代入式(2.1.4)有

$$U_C=\frac{h\nu}{e}-\frac{h\nu_C}{e} \tag{2.1.5}$$

式(2.1.5)表明，对同一种光电阴极材料制成的光电管，其截止电压 U_C 和入射光频率 ν 成线性关系，直线斜率 $k=\frac{h}{e}$。当 $\nu=\nu_C$ 时，$U_C=0$，没有光电子逸出。

对于不同频率的光，可以得到与之对应的光电伏安特性曲线($I-U$ 曲线)和截止电压 U_C 的值，可在方格坐标纸上做出 $U_C-\nu$ 图线，根据已知的电子电量 e 值和直线斜率 k 即可确定普朗克常数 h 的值。

5. 截止电压 U_C的确定

实际上的 $I-U$ 特性曲线比较复杂，因为实际测得的光电流还包含有：

(1)暗电流和本底电流

暗电流是由于电子的热运动及光电管壳漏电等原因使光阴极未受光照也会产生的电子流；本底电流是由各种杂散光所产生的光电流。两者还随外加电压的变化而变化。

(2)阳极光电流

在制作光阴极时，阳极也会被溅射到光阴极材料，所以只要有光射到阳极上，阳极也会发射光电子，产生阳极电流。

因此，实际光电管 $I-U$ 曲线如图 2.1.2 所示。

由图可见，由于反向电流的存在，当实测光电流为零时，阴极光电流并不等于零，U_C'并不为截止电压 U_C。但对于阳极电流较小，并且在截止电压附近阴极电流上升得很快的光电管，其 U_C'很接近 U_C，因此可以选择 U_C'作为 U_C，这种确定 U_C 的方法称为“交点

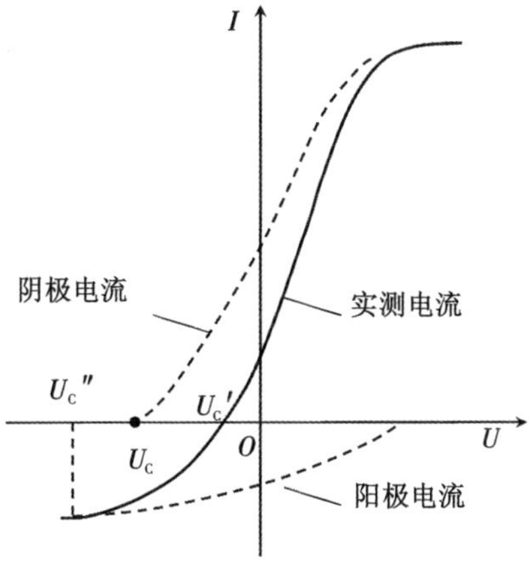

图 2.1.2　光电管的 *I*-*U* 曲线

法”。另外，反向电流刚刚达到饱和时的拐点电压 U_C'' 显然也不是截止电压，但对于反向电流很容易饱和的光电管，U_C'' 很接近 U_C，因此可以选择 U_C'' 作为 U_C，这种方法称为“拐点法”。究竟用哪一种方法，应根据所用光电管而定。本实验中所用的光电管正向电流上升很快，反向电流很小，故可用“交点法”来确定截止电压 U_C。

【实验仪器】

光电管、高压汞灯、滤波片、微电流测量放大器、ZKY-GD-4 光电效应(普朗克常数)实验仪。

【实验内容】

1. 测试前的准备

① 认真阅读光电效应实验仪的使用说明书。

② 安放好仪器，用遮光罩罩住暗盒的光窗。插上电源预热 20~30 min 然后调整微电流测量放大器的零点和校正挡位。

2. 测量光电管的暗电流(选做)

① 连接好光电暗盒与微电流测量放大器之间的屏蔽电缆、地线和阳极电源线。测量放大器的“倍率”旋钮置于“$\times10^{-13}$”挡位(“$\times10^{-13}$”挡位最灵敏，若该挡位电流示数不稳定，可以从“$\times10^{-12}$”挡位开始。)。

② 顺时针缓慢旋转“电压调节”旋钮，并适当地改变“电压量程”和“电压极性”开关。仔细记录在不同电压下的相应电流值(电流值=电表读数×倍率×1 安培)。此时所读得的即为光电管的暗电流。

3. 测量光电管的 *I*-*U* 特性

① 测量前，拿下遮光罩后，须在暗盒光窗处装上指定孔直径的光阑。让光源出射孔对准暗盒光阑孔，并使暗盒光阑孔距离光源出射孔 30~50 cm。测量放大器“倍率”旋钮

置$\times10^{-13}$挡。撤去遮光罩，换上滤波片。“电压调节”从-2 V(本实验仪器只能达到-1.998 V，近似值为-2 V)调起，缓慢增加，先观察不同滤波片下的电流变化情况，记下电流明显变化的电压值以使测量精确。

② 在上述粗略测量的基础上进行精确测量记录。从短波长起小心地逐次换上滤波片，仔细读出不同频率时入射光照射下的光电流，并记录数据，注意在电流开始变化的地方多读几个值。根据实际操作经验，一般来说，每个波长的入射光不变的情况下，电压U从-2 V到50 V变化，测量光电流的变化，其中-2 V到0 V至少取10个点，从0 V到50 V可取20个点左右。

4. 截止电压的测量

方法一：交点法。对于每个波长的入射光，将微电流测量“倍率”旋钮置于“$\times10^{-13}$”挡位或者“$\times10^{-12}$”挡位，从-2 V到0 V缓慢调节电压U，当电流为零时，相应的电压即为截止电压U_C。

方法二(可选做)：拐点法。在坐标纸上，仔细做出不同波长(频率)的$I\sim U$曲线。从曲线中找出负电流刚刚开始变化的临界“拐点”，确定相应的电压为截止电压U_C。

5. 普朗克常量的计算

把不同频率ν单色光下的截止电压U_C描绘在坐标纸上。如果光电效应遵从爱因斯坦方程，则$U_C=f(\nu)$曲线应该是一条直线。应用作图法，取直线上不为实验点的尽量远的两点，计算出直线的斜率$k=\dfrac{\Delta U_C}{\Delta \nu}$，求出普朗克常数$h=ek$，计算出测量值$h_m$与公认值之间的相对误差。

6. 可选做内容

可以改变光源出射孔与暗盒光阑孔的距离L和暗盒光阑孔的直径ϕ，重复上述步骤3~5次，观察$I-U$曲线的变化和对截止电压U_C的影响。

【注意事项】

① 光源射出的光必须直射光电管的阴极，此时暗盒可作左右或高低调节。为避免光线直射阳极，测试时光窗处宜加孔直径为2~4 mm的光阑。

② 必须在了解仪器的使用规则后方可进行实验。

③ 滤波片是经过加工和精选的，更换时注意避免污染，使用前，应该用擦镜纸认真揩擦滤波片以保证其具有良好的透光性。

④ 更换滤波片时应先将光源出射孔遮盖，实验完毕后应用遮光罩盖住暗盒光窗，以免强光照射阴极缩短光电管寿命。

⑤ 测量放大器必须充分预热，测量才能准确。接线时先接好地线，后接信号线，注意不能将输出端与地短路，以免烧毁电源。

【数据处理】

① 测量 5 个不同波长的滤波片对应单色光的截止电压 U_C。

单色光波长 λ/nm	365	405	436	546	577
截止电压 U_C/V					

② 测量 436 nm 单色光对应的光电管负电压的伏安特性 U-I 曲线。

注意：

- 从−1.998 V(约等于−2 V)到 0 V 单向测量。
- 记录电流时，一定要注明量程数量级。

−2 V 至 U_C 均匀测量共 8 个点：

序号	1	2	3	4	5	6	7	8
U/V	−2							U_C
I/A								

U_C 至 0 V 之间均匀测量共 6 个点：

序号	1	2	3	4	5	6
U/V	U_C					0
I/A						

【思考题】

① 什么叫光电效应？爱因斯坦提出的光电效应理论有哪些内容？

② 说明光电效应与光频率、光强、逸出功、截止电压、截止频率的关系，简述暗电流产生的原因及测量方法。

③ 用什么方法求出普朗克常数 h？截止电压 U_C 与入射光频率 ν 有什么关系？当 $U_C=0$ 时有什么结论？

④ 在实验中，若改变光电管上的辐射强度，对 I-U 曲线有何影响？

⑤ 实验时，为什么必须将滤波片放到光电管的暗盒光阑孔上？

⑥ 本实验中，讨论“拐点” U_C''和“交叉点” U_C'的平均值与截止电压 U_C 的关系。

【附录】实验背景

1. 关于普朗克常数的提出

普朗克(Planck)，德国物理学家，量子物理学的开创者和奠基人，1918 年诺贝尔物理学奖获得者。

图 2.1.3　普朗克(Planck, 1858.04.23—1947.10.04)

1900 年，普朗克抛弃了能量是连续的传统经典物理观念，导出了与实验完全符合的黑体辐射经验公式，从而解救了经典物理的“紫外灾难”。提出若从理论上推导出黑体辐射公式，必须假设物质辐射的能量是不连续的，只能是某一个最小能量的整数倍。普朗克把这一最小能量单位称为“能量子”。普朗克的假设解决了黑体辐射的理论困难，他还进一步提出了能量子 E 与频率 ν 成正比的观点，并引入了普朗克常数 h，即 $E=h\nu$。

普朗克常数 h 的发现，找到了微观与宏观区别的定量尺度，能量量子化的假设标志着人类对自然规律的认识进入了微观领域。

2. 光电效应现象的发现与研究进展

在 1886—1887 年间，赫兹(M.Hertz)首先通过实验证实了电磁波的存在和光传播的麦克斯韦电磁理论。在实验中，赫兹发现当两个电极之一受到紫外线照射时，两电极间的放电就比较容易，这一现象就是后来的“光电效应现象”，可以说光电效应现象是赫兹研究电磁波工作中的“副产品”，是他仔细观察实验现象的意外收获。

赫兹的发现引起了不少研究者的兴趣，霍尔瓦克斯(W.Hallwachs)、斯托列托夫、埃尔斯特(Elster)和盖特(Geitel)相继对其进行过研究，1889 年勒纳德(P.Lenard)以实验证明光电发射中产生的粒子就是汤姆逊(J.J.Thomson)不久前发现的电子，并称它为“光电子”。1902 年，勒纳德宣布了光电效应规律(但他无法根据当时的理论加以解释)，为此 1905 年，他获得了诺贝尔物理学奖。

3. 关于光量子假设的提出

1905 年 3 月，爱因斯坦运用并发展了普朗克的量子论，提出了“光量子”假设：光在空间传播时，是不连续的，也具有粒子性，即一束光是一束以光速运动的粒子流，爱因斯坦把这些不连续的量子称为“光量子”，1926 年刘易斯(G.Lewis)将它简称为“光子”。

爱因斯坦的光量子理论解决了经典理论与光电效应实验事实间的尖锐矛盾，圆满解释了实验规律。

然而，尽管爱因斯坦的光电效应方程预言了截止电压与光的频率成线性关系，但是，

图 2.1.4　爱因斯坦(Albert Einstein, 1879.03.14—1955.04.18)

在 1905 年爱因斯坦发表论文时，还没有人从实验得到过这个线性关系，因为要测量不同光频率下纯粹由光引起的微弱电流并不是一件容易的事。一方面是由于理论没有得到实验的验证，另一方面，勒纳德的触发假说占了上风，更重要的是，经典理论的传统观念束缚了人们的思想，因此，爱因斯坦的光量子理论和光电效应方程长期没有得到普遍承认。甚至相信量子概念的一些著名物理学家都反对他，就连能量子假说的提出者普朗克自己也持否定态度，认为爱因斯坦走得太远了。

4. 光电效应实验的成功及其重要地位

量子论和相对论是近代物理学的两大支柱，而早期量子论又是近代量子力学发展过程中不可逾越的重要阶段。无论是早期量子理论还是近代量子力学甚至现代粒子物理等科学理论，其建立的基础和检验其正确与否的标准都是科学实验。

爱因斯坦关于光量子的假设，激励了美国芝加哥大学物理学家密立根(Robert Andrews Millikan)，他从 1905 年开始从事光电效应的定量研究，而后的十年对其进行了精确的定量的实验研究，密立根有说服力地验证了爱因斯坦的光量子理论，并精确地测定了普朗克常数，取得了与普朗克的理论值一致的实验结果。而且，他将整个工作的详细描述发表在 1916 年的《物理学评论》上。

为此，普朗克(Planck)获得了 1918 年诺贝尔物理学奖，爱因斯坦获得了 1921 年诺贝尔物理学奖，密立根凭借在光电效应实验和基本电荷测定实验等方面所取得的重要成就获得了 1923 年诺贝尔物理学奖。从此，科研工作者将人类带入了一个崭新的量子微观领域，并由此衍生了核物理等一批更有生命力的新兴科技领域，带动了现代科技的飞速发展。

实验 2.2 晶体的声光效应实验

20 世纪初，布里渊曾预言：有压缩波存在的液体，当光束沿垂直于压缩波传播方向以一定角度通过时，将产生类似于光栅产生的衍射现象。布里渊的预言不久被实验所证实。后来，人们不仅在液体中，而且在透明固体中也发现了这种现象。利用压电换能器在透明固体中激发超声波，让光通过，观察到了超声波中的光衍射现象。激光器出现之后，这种实验变得异常简单。

【实验目的】

① 观察晶体中超声光栅的衍射现象，测量衍射效率。

② 了解材料中声波与光波相互作用机理，推算材料中的声速。

③ 了解模拟信号(音频)的调制、传输与解调。

【实验原理】

晶体声光效应实验利用石英晶体/ZF6 驻波声光调制器，它由两部分构成。一是声光晶体：声光晶体由压电换能器($X0°$切石英晶体)和声光互作用介质(ZF6)组成。为了在声光介质中形成驻波，沿声传播方向上声光介质的两个面要严格平行，平行度要优于 $\lambda/5$。压电换能器与声光介质焊接成一体。二是驱动源：驱动源是一个正弦波高频功率信号发生器。驱动源提供的正弦高频功率信号[见图 2.2.1(a)]，通过匹配网络加到压电换能器上，换能器发出的超声波沿 x 正方向传播，到达对面后，被全反射，反射波沿 x 负方向传播，声光介质中就如同存在两列频率相同、振幅相等、沿相反方向传播的超声波。

图 2.2.1(b)所示就是这种波在十个彼此相等的瞬时间隔时的情况。沿 x 正方向传播的发射波用虚线表示；沿 x 负方向传播的反射波用实线表示；它们的叠加用点画线表示。不难看出，叠加波具有相同的波长，只是在空间不产生位移。这种有两个彼此相对的行波组成的振动称为驻波。在驻波中，彼此相距 $\lambda/2$ 的各点完全不振动，这些点称为波节。位于两波节中间的点是波腹，这些点上的振动最大。另外，显而易见的是每隔 $1/2T$ 秒，振动即完全消失(图 2.2.1(b)中从上往下数 3，5，7，9 行的瞬时)，驻波的最大值也位于这些瞬时间隔的中间(2，4，6，8，10)，而且每经过这个时间间隔，在波腹处的振动的相位相反。

沿 x 正方向和负方向传播的振动可以写成如下形式：

$$\left.\begin{aligned} a_1 &= A\sin(\omega t - Kx) \\ a_2 &= A\sin(\omega t + Kx) \end{aligned}\right\} \tag{2.2.1}$$

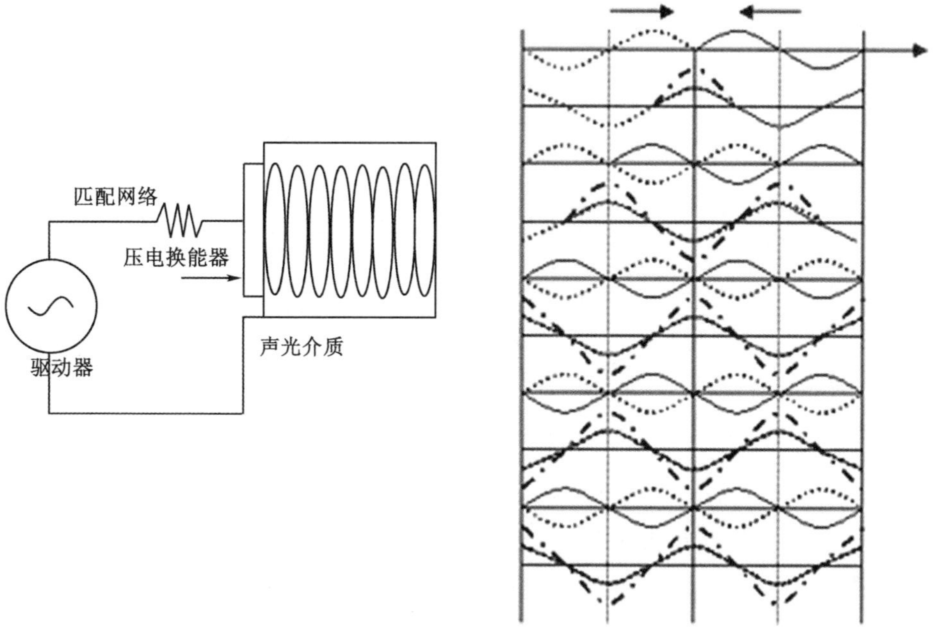

（a）驻波声光调制器　　（b）声光介质中超声驻波的形成过程

图 2.2.1　驻波形成示意图

应用加法定理可得到合成驻波的表达式

$$a=2A\sin\omega t\cos Kx \tag{2.2.2}$$

由此可直接得出，在 $\cos Kx$ 等于零的各点，位移 a 恒等于零；这是在 x 等于 $\pi/2$ 的奇数倍时产生的。$\cos Kx$ 的绝对值最大的点位于这些点的中间。

将式(2.2.2)对时间微分，即可得到驻波情况下质点振动速度的表达式：

$$u=2\omega A\cos Kx\cos\omega t \tag{2.2.3}$$

式(2.2.3)说明，质点振动速度的波节和波腹与位移的波节和波腹在相同的点上。

现在来研究驻波中声压分布的问题。在沿 x 方向传播的波中，声压 p 与沿 x 方向位移的变化 $\mathrm{d}a/\mathrm{d}x$ 成正比。将式(2.2.2)对 x 微分，得

$$p\propto\frac{\mathrm{d}a}{\mathrm{d}x}=-2KA\sin\omega t\sin Kx \tag{2.2.4}$$

声压波节的位置与位移波腹的位置相合或者相反。

图 2.2.2 所示是在驻波中两个时间间隔相差半个周期的速度和声压的分布情况。箭头表示质点运动的方向。不难看出，速度与位移的波节和波腹相距 $\lambda/4$，且每经过半个周期全部稠密变成稀疏或者与此相反。在这两个时期之间，有个时间所有质点的位移都为零。如果振动的频率为 f，则驻波的这种“出现”和“消失”在每秒钟内产生 $2f$ 次。

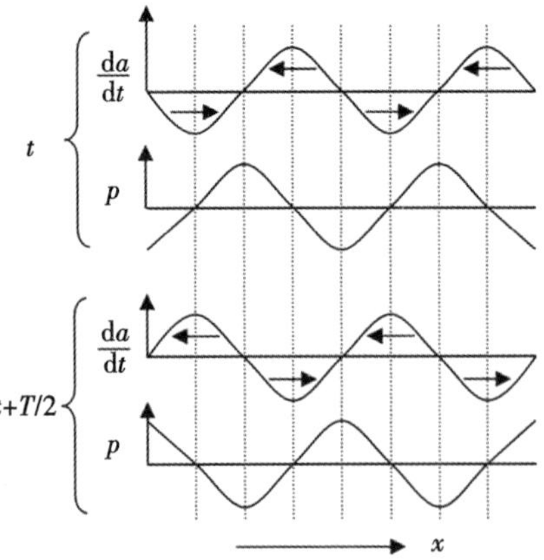

图 2.2.2　驻波中质点振动速度 da/dt 和声压 p 的分布

当声波垂直入射到两种介质的分界面上时就会产生驻波。假如分界面两边介质的声阻抗相差很大，则根据边界条件，在界面上有 $a=0$ 和 $u=0$。因而，在反射点处位移和速度的相位产生 180°的突变。在界面处总是发生位移波节和声压波腹。如由分界面两边介质的声阻抗相差不大的表面上反射，声波的一部分能量转移到第二种介质中，反射的振幅小于发射的振幅。这时，在第一种介质中发生驻波和行波的组合。

现在，我们来讨论在超声驻波的作用下，声光介质折射率的变化，以及光通过时的衍射情况。在超声驻波的作用下，声光介质的折射率 $n(x,\ t)$ 由式(2.2.5)表示：

$$n(x,\ t)=n_0+\Delta n\sin\omega t\cos Kx \tag{2.2.5}$$

其中 n_0为未加超声时声光介质的折射率；Δn 为声致折射率改变幅值；ω 是超声波的圆频率；K 是超声波的波数。

当一束激光通过时，就会产生类似于光栅产生的衍射现象。在垂直入射情况下，各衍射极大的方位角仍为

$$\sin\theta=mK/k=m\lambda/A \tag{2.2.6}$$

各序衍射光的强度为

$$I_m=E_mE_m^*=C^2q^2J_m^2(\Delta\phi_0\sin\omega t) \tag{2.2.7}$$

这个结果说明，超声驻波发生的衍射，各序衍射的方位一如既往，但每一序衍射光束均各受到因子$J_m(\Delta\phi_0\sin\omega t)$的调制，通过 Bessel 函数的宗量 $\Delta\phi_0\sin\omega t$ 而附加了一个随时间的起伏，因此各序衍射光束不再像行波的情况那样，只是简单地发生了一个频移的单色光，而是含有多个傅立叶分量的复合光束。即：

$$I_{m,\ r}=C^2q^2\sum_{p=-\infty}^{\infty}J_p\left(\frac{\Delta\phi_0}{2}\right)J_{p-m}\left(\frac{\Delta\phi_0}{2}\right)J_{p+m}\left(\frac{\Delta\phi_0}{2}\right)J_{p+r-m}\left(\frac{\Delta\phi_0}{2}\right)\mathrm{e}^{\sin\omega t}$$

$$(r=0,\ \pm1,\ \pm2,\ \cdots) \tag{2.2.8}$$

由此可见，超声驻波产生的各级衍光强均将随时间以 2 倍于声波的频率被调制。

驻波声光调制器被广泛用于光速测量、锁模激光器、移频等中。

【实验仪器】

主机箱“声光效应实验电源”主要功能为声光晶体驱动电压的输出与输出电压的指示、频率调节、被调制信号的接受与放大和还原。各面板元器件作用与功能如下：

① 表头：3 位半数字表头，用于指示声光晶体驱动电压的大小，该显示数值可通过电压旋钮进行调节。

② 电压旋钮：调整范围 0~12 V，实验一般调到最大。

③ 频率旋钮：调整范围 9~11 MHz，调整至适当频率使衍射效果最佳，频率值可在示波器或频率上读出（均需自备）。

④ 驱动输出：Q9 插座，与声光晶体相连接。

⑤ 波形插座：Q9 插座，为输出驱动波形，一般与示波器 1 通道连接

⑥ 音频输入：3.5 mm 耳机插座，用于输入音频信号。

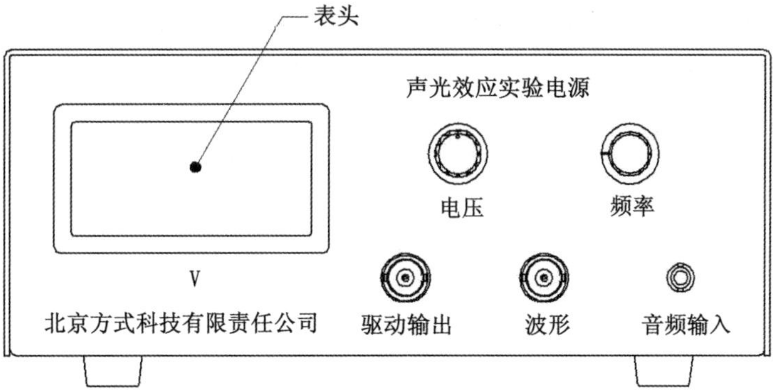

图 2.2.3　声光效应实验电源

【实验内容】

1. 超声驻波场中光衍射的实验观察（见图 2.2.4）

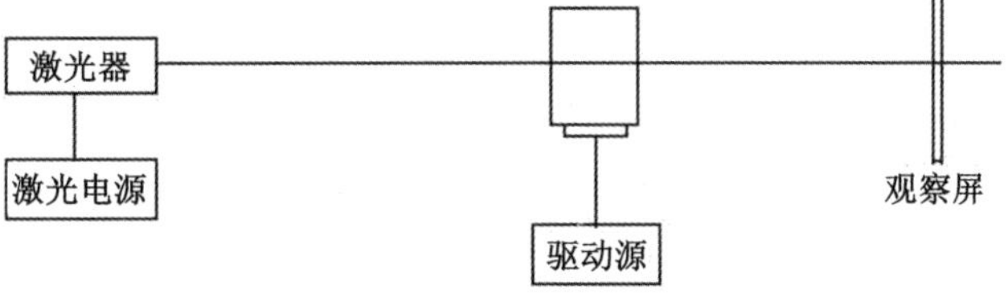

图 2.2.4　超声驻波场中光衍射的实验观察

① 开启激光电源，点亮激光器；

② 令激光束垂直于声光介质的通光面入射，观察屏上的光点，可观察到三个光点，它们分别由透射光以及声光介质两个通光面反射并进一步经激光器输出镜反射的光线形成，如图 2. 2. 5 所示，使此三个光点在观察屏上处于与声传播方向相同的一条直线上即可，这时可认为入射光已垂直于声传播方向。(但如果反射回来的光又进入激光器，会引起激光器工作不稳定。)

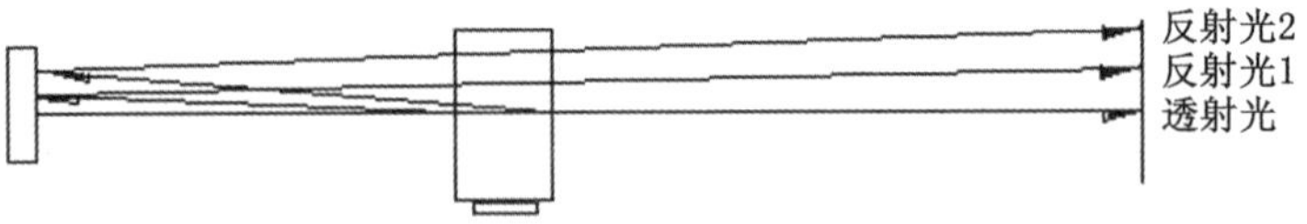

图 2. 2. 5　反射光线示意图

③ 打开电源，开启声光调制器驱动源，观察衍射光斑，同时调节阻抗匹配磁芯，令衍射最强，观察衍射光斑形状。

④ 改变声光调制器的方位角，观察不同入射角情况下的衍射光斑。

2. 观察超声驻波场的像，测量声波的传播速度(见图 2. 2. 6)

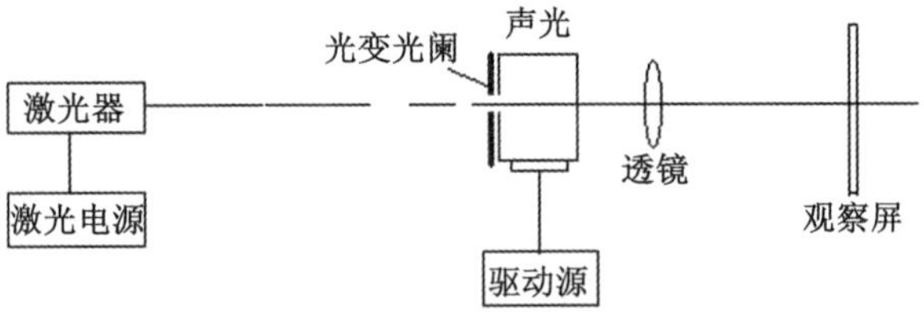

图 2. 2. 6　入射光斑尺寸对衍射光的影响

① 移开透镜，重复实验内容 1 的步骤，令观察屏上的衍射光点最多。

② 安上透镜，改变透镜与调制器之间的位置，用光阑限定声光调制器前表面入射光斑的尺寸。

③ 当入射光充满通光面时，数出衍射条纹的数目 N，利用式(2. 2. 9)计算声光介质中的声速 v。

$$v=2df/N \tag{2.2.9}$$

3. 超声驻波衍射光强的测量、衍射效率(见图 2. 2. 7)

① 重复实验内容 1 的步骤，令观察屏上的衍射光点最多。移开观察屏，用激光功率计测出入射光强 I_0。

② 利用光阑分别让 0，±1，±2，±3，…级衍射光打到激光功率计的光敏面上，测出各级衍射光的强度 I_m，衍射效率为

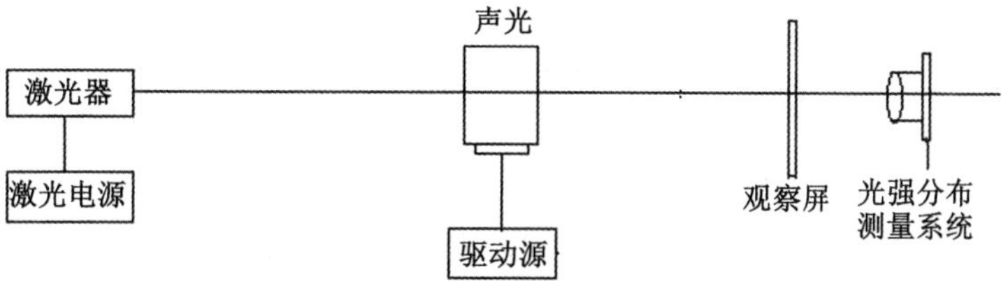

图 2.2.7　超声驻波衍射光强的测量衍射效率

$$\eta_1 = \frac{I_m}{I_0} \tag{2.2.10}$$

③ 改变驱动电压，测出对应的衍射效率，作出衍射效率与驱动电压的关系曲线。

4. 衍射光强分布的测量光栅常数

① 重复实验 1 的步骤，令观察屏上的衍射光点最多。

② 将光强分布测量系统置于导轨另一端。

③ 用适当的光阑测量各点上的光强，绘出光强分布曲线。

④ 读出声光调制器距光阑的距离。

⑤ 利用光栅公式求出光栅常数。并与实验 2 进行比较，求出声波传播速度。（激光波长 635 nm）

【注意事项】

① 在使用激光器时避免眼睛逆向直视光路。

② 在使用过程中出现任何异常情况，应立即断电保证安全。

③ 使用仪器时注意轻拿轻放，以免造成损坏。

④ 为了提高精度，实验需在环境光稳定下进行，在避光环境下进行最优。

【数据处理】

1. 测量光栅常数

① 声光调制器距光阑的距离：________；

② 衍射光点 0、±1 级之间的距离：________。

计算出光栅常数 d=________。

2. 测量声波的传播速度

读出 N=________；

振动频率 f=________。

实验 2.3 磁致旋光-法拉第效应

1845 年，法拉第发现，将一块玻璃放入强磁场中，它将使穿过玻璃的线偏振光的偏振面发生旋转，即磁场使介质具有了旋光性，后来也称为法拉第效应。因每种碳氢化合物有各自的磁致旋光特性，所以磁致旋光可用于分析碳氢化合物；在激光技术中这一效应被利用来制作光隔离器和红外调制器。

【实验目的】

① 观察被测材料的磁致旋光现象，测量磁场电流和偏振面旋转角的关系。

② 观察磁场电流与旋光方向的关系。

③ 测量材料的费尔德系数。

【实验原理】

将磁致旋光材料放入强磁场中，磁场将使穿过材料的线偏振光发生旋转，将其旋转的角度用 θ 表示（B 为磁感应强度，L 为材料长度），则

$$\theta = VBL \tag{2.3.1}$$

比例系数 V 为 Verdet 常数，由材料本身和光波长决定。

用经典理论对法拉第效应可作如下的解释：一束线偏振光可以分解成两个同频率等幅度的左旋偏振光和右旋偏振光，这两束光在法拉第材料中的折射率不同，因此传播速度也不同。当它们穿过材料重新合成时，其偏振面就发生了变化，这个变化正比于 B 和 L。

法拉第效应产生的旋光现象与其他旋光现象有所不同，如常见的 1/2 波长和石英旋光片，它们的旋光方向与光传播的方向有关，如将一个线偏振光从材料左侧射到右侧再反射回来，则在二次传播中偏振面的旋转方向相反，互相抵消。总的情况是偏振面并没有旋转，而法拉第效应产生的旋光，其旋转方向只与磁场方向有关，而同光传播的方向无关。在上面的例子中，如果旋光是由法拉第效应引起的，总的情况是旋转角增大 1 倍，而不是互相抵消。这是法拉第效应的一个重要特点，有着重要的应用价值。

【实验仪器】

半导体激光器、起偏器、磁场线圈、检偏器、功率计、主机箱、导轨、磁致旋光材料。

主机箱面板功能：

主机箱“FLD-1 法拉第效应驱动电源”主要功能为给励磁线圈提供励磁电流。各面

板元器件作用与功能如下：

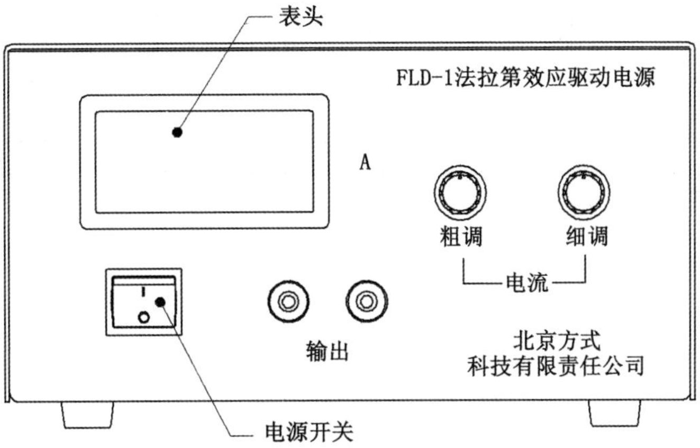

图 2.3.1　FLD-1 法拉第效应驱动电源

表头：3 位半数字表头，用于指示磁致旋光材料工作电流的大小，该工作电流大小可通过粗调/细调旋钮调节。

粗调/细调旋钮：粗调范围 0~3 A，细调可精确到 1%。

电源开关：主机的电源开关(220 V AC)。

输出插座：输出直流电流，大于 3 A。红色为正。

【实验内容】

① 观察法拉第效应，并总结出磁场与旋转角之间的关系。

② 改变励磁电流方向，总结出磁场与旋转角之间的关系。

③ 使光束从电磁线圈的另一端穿过磁致旋光材料，总结出磁场与旋转角之间的关系。

操作步骤：

① 将设备按图 2.3.2 所示摆放。

② 接好各个设备之间的连线，打开激光器和功率计电源，调整光路，使光束可穿过电磁线圈中心的磁致旋光材料。

③ 旋转检偏器，使功率计指示值最小，这时起偏器和检偏器相互垂直，处于消光状态。

④ 打开线圈驱动电源，将驱动电源电流调到 0.5 A，此时功率指示值将发生变化。

⑤ 重新旋转检偏器，使功率指示值尽可能小，系统重新进入消光状态，记下此时的电流值和检偏器的角度变化值和方向。

⑥ 按一定间隔增大电流，重复步骤⑤，记下相应的电流值和检偏器的角度变化值。

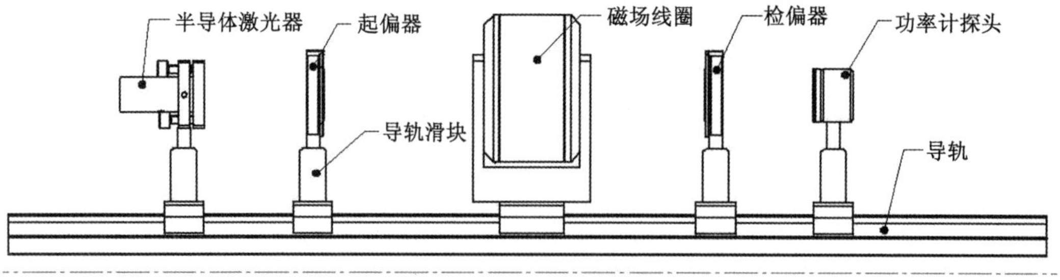

图 2.3.2　设备摆放

⑦ 根据电流与电磁线圈中磁场的关系和以上实验数据，确定 θ 与 B 的大致关系。

（如有高斯计，可测出材料的 Verdet 常数，其中材料长度 $L=30$ mm、线圈长度 $A=100$ mm、匝数 $N=1600$ 匝。）

⑧ 将激光器放到导轨另一端，使光束从电磁线圈的另一端穿过磁致旋光材料，改变励磁电流，观察旋光方向，并与步骤⑤中的方向进行比较。

⑨ 将电源电流调到最小，交换驱动电源的输出电极，改变电磁线圈中的电流方向。改变电流大小，观察旋光方向，掌握其中的规律。

【注意事项】

① 在使用激光器时避免眼睛逆向直视光路。

② 在使用过程中出现任何异常情况，应立即断电保证安全。

③ 使用仪器时注意轻拿轻放，以免造成损坏。

④ 实验数据结果用电脑绘制变化图后附于实验报告上。

【数据处理】

记录磁场与旋转角的关系：

	1	2	3	4	5	6	7	8	9	10	11	12	…
电流/A													
检偏器的角度													

改变励磁电流的方向后，记录磁场与旋转角的关系：

	1	2	3	4	5	6	7	8	9	10	11	12	…
电流/A													
检偏器的角度													

激光从另一方向通过磁致旋光材料后，记录磁场与旋转角的关系：

	1	2	3	4	5	6	7	8	9	10	11	12	…
电流/A													
检偏器的角度													

实验 2.4　液晶的电光效应实验

液晶是一种既具有液体的流动性又具有类似于晶体的各向异性的特殊物质(材料)，它是在 1888 年由奥地利植物学家首先发现的。在我们的日常生活中，适当浓度的肥皂水溶液就是一种液晶。目前人们发现、合成的液晶材料已近十万种之多，有使用价值的也有四五千种。随着液晶在平板显示器等领域的应用和不断发展，以及市场的巨大需求，人们对它的研究也进入了一个空前的状态。本实验希望通过一些基本的观察和研究，使学生对液晶材料的光学性质及物理结构有一个基本了解，并利用现有的物理知识进行初步的分析和解释。

我们在使用液晶的时候往往会将液晶材料夹在两个玻璃基片之间，并对四周进行密封。为了我们的使用目的，将会对基片的内表面进行适当的处理，以便影响液晶分子的排列。这里介绍相关的三个处理步骤。① 涂覆取向膜：在基片表面形成一种膜。② 摩擦取向：用棉花或绒布按一个方向摩擦取向膜。③ 涂覆接触剂。经过这三个步骤后，就可以控制紧靠基片的液晶分子，使其平行于基片并按摩擦方向排列。如果我们使上下两个基片的取向成一定角度，则两个基片间的液晶分子就会形成许多层，如图 2. 4. 1 所示(取向成 90°)。

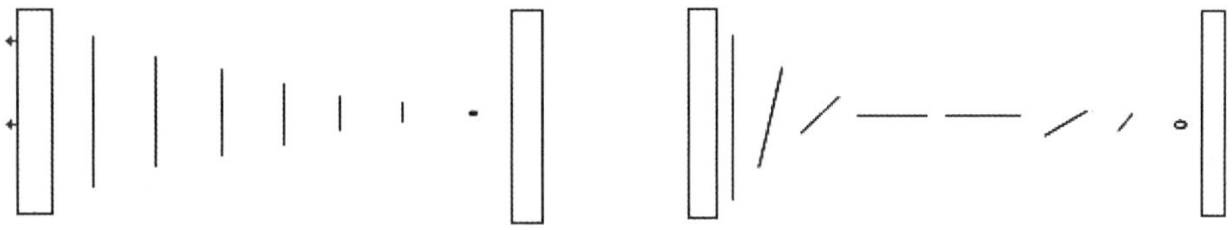

图 2. 4. 1　基片间液晶分子分层

即每一层内的分子取向基本一致，且平行于层面，相邻层分子的取向逐渐转动一个角度，从而形成一种被称为扭曲向列的排列方式。这种排列方式和天然胆甾相液晶的主要区别是：扭曲向列的扭曲角是人为可控的，且“螺距”与两个基片的间距和扭曲角有关。而天然胆甾相液晶的螺距一般不足 1 μm，不能人为控制。

扭曲向列排列的液晶对入射光会有一个重要的作用，它会使入射的线偏振光的偏振方向顺着分子的扭曲方向旋转，类似于物质的旋光效应。在一般条件下旋转的角度(扭曲角)等于两基片之间的取向夹角。

由于液晶分子的结构特性，其极化率和电导率等都具有各向异性的特点，当大量液晶分子有规律地排列时，其总体的电学和光学特性，如介电常数、折射率也将呈现出各向异性的特点。如果我们对液晶物质施加电场，就可能改变分子排列的规律，从而使液晶材料的光学特性发生改变。1963 年有人发现了这种现象，这就是液晶的电光效应。

为了对液晶施加电场，我们在两个玻璃基片的内侧镀了一层透明电极。将这个由基片电极、取向膜、液晶和密封结构组成的结构称作液晶盒。当在液晶盒的两个电极之间加上一个适当的电压时，观察液晶分子会发生什么变化。根据液晶分子的结构特点，我们假定液晶分子没有固定的电极，但可被外电场极化形成一种感生电极矩。这个感生电极矩也会有一个自己的方向，当这个方向与外电场的方向不同时，外电场就会使液晶分子发生转动，直到各种互相作用力达到平衡。液晶分子在外电场作用下的变化，也将引起液晶盒中液晶分子的总体排列规律发生变化。当外电场足够强时，两电极之间的液晶分子将会变成图 2.4.1 所示的排列形式。这时，液晶分子对偏振光的旋光作用将会减弱或消失。通过检偏器，我们可以清晰地观察到偏振态的变化。大多数液晶器件都是这样工作的。

【实验目的】

① 测量液晶的扭曲角。

② 测绘液晶的电光效应曲线，找出阈值电压和饱和电压。

③ 测量液晶的上升时间 T_1 与下降时间 T_2。

④ 通过测量液晶的衍射角推算液晶的晶格常数。

⑤ 通过液晶的衍射现象，观察液晶的偏振特点。

【实验原理】

1. 液晶的扭曲角

扭曲角是液晶盒对入射偏振光的偏振方向的改变量。

2. 液晶的电光效应曲线

液晶的电光效应曲线是入射偏振光的扭曲角随着液晶盒驱动电压的变化而形成的曲线。阈值电压：出射偏振光的偏振方向随着电压增加开始发生变化(扭曲角逐渐变小)的电压值。饱和电压：驱动电压增加到一定值的时候，扭曲角的大小随电压的增加不再发生变化，或者变化很小的电压值，此电压即饱和电压。

3. 液晶的响应速度

响应时间不够快，像素点对输入信号的反应速度跟不上，观看高速移动的画面时就会出现类似残影或者拖沓的痕迹，无法保证画面的流畅。

响应时间分为两个部分：上升时间和下降时间，而表示时以两者之和为准，如图 2.4.2 所示。

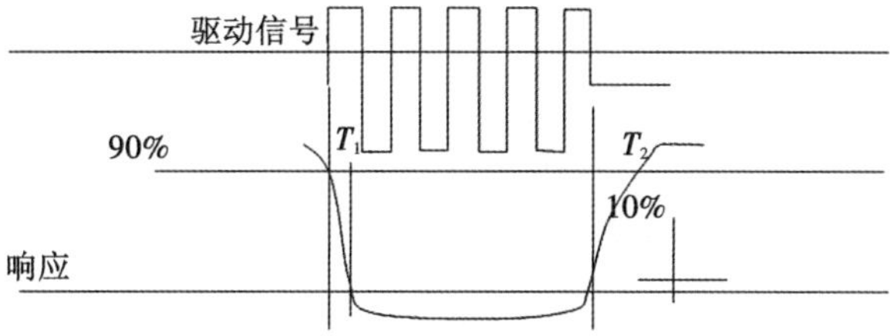

图 2.4.2 响应时间

反应时间为 30 ms 则每秒电视能够显示 33 帧画面，这已经能满足 DVD 播放的需要；反应时间为 25 ms 则每秒电视能够显示 40 帧画面，完全满足 DVD 播放以及绝大部分电影或者游戏的需要。

CRT 电视中，只要电子束击打荧光粉立刻就能发光，而辉光残留时间极短，因此传统 CRT 电视反应时间仅为 1~3 ms。由于液晶电视是利用液晶分子扭转控制光的通断，而液晶分子的扭转需要一个过程，所以 LCD 电视的反应时间要明显长于 CRT。

液晶电视响应时间从早期的 25 ms 到 12 ms，反应时间被不断缩短，实际上，我们所说的 12 ms 响应时间是针对全黑和全白画面之间切换所需要的时间，这种全白全黑画面的切换所需的驱动电压是比较高的，所以切换速度比较快，可以达到 12 ms。

【实验仪器】

激光器、导轨、偏振片(起偏器)、液晶盒、偏振片(检偏器)、光电二极管、光功率计探头等元件。北京方式科技有限责任公司液晶驱动电源一套、示波器一台。

【实验内容】

1. 测试前的准备

① 认真阅读使用说明书和操作步骤。

② 按照如图 2.4.3 所示顺序安放好仪器。

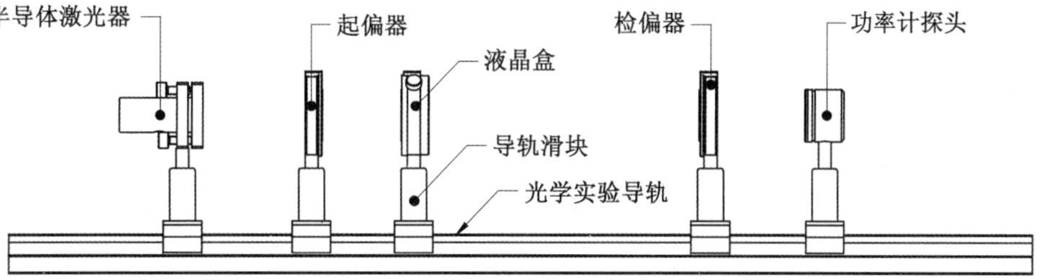

图 2.4.3 实验仪器安装

2. 测量液晶的扭曲角

① 打开激光器，仔细调整各个光学元件的高度和激光器的方向，尽量使激光从光学

元件的中心穿过，进入功率计探头。

② 旋转起偏器，使通过起偏器的激光最强。

③ 打开液晶驱动电源，将功能按键置于连续状态。驱动电压调整到 12 V。

④ 旋转检偏器和液晶盒，找到系统输出功率最小的位置，记下此时检偏器的位置（角度）。

⑤ 关闭液晶驱动电源，此时系统通光情况将发生变化，再次调整检偏器位置，找到系统通光功率最小的位置，记下此时检偏器的位置（角度）。

步骤④与⑤之间的角度位置差就是该液晶盒在该波长下的扭曲角。

液晶扭曲角记录表

状态		液晶驱动开 θ_1	液晶驱动关 θ_2	扭曲角
次数	1			
	2			
	3			
	平均			

3. 测量液晶的电光效应曲线，确定阈值电压和饱和电压

① 打开激光器，仔细调整各个光学元件的高度和激光器的方向，尽量使激光从光学元件的中心穿过，进入功率计探头。

② 旋转起偏器，使通过起偏器的激光最强。

③ 打开液晶驱动电源，将功能按键置于连续状态。驱动电压调整到最低。

④ 旋转检偏器和液晶盒，找到系统输出功率最低的位置。

⑤ 旋转电位器，缓慢增加液晶的驱动电压，并记录下电压值和对应的光强值。每 0.5 V记录一次，光强值应待其基本稳定后记录前 3 位数即可。

⑥ 根据记录的数值绘制电光效应曲线。曲线的两个拐点所对应的电压分别为阈值电压和饱和电压。

驱动电压-光功率表

U/V									
P/mW									

4. 液晶的响应速度测量

① 打开激光器，仔细调整各个光学元件的高度和激光器的方向，尽量使激光从光学元件的中心穿过，进入功率计探头。

② 旋转起偏器，使通过起偏器的激光最强。

③ 打开液晶驱动电源，将功能按键置于连续状态。驱动电压调整到 12 V。

④ 旋转检偏器和液晶盒，找到系统输出功率较小的位置（防止光探头过载）。

⑤ 用光探头换下功率计探头，连接好 12 V 电源线（红为+，黑为-，红对红，黑对

黑）。

⑥ 将示波器的 CH1 通道用信号线与液晶驱动信号相连，CH1 做触发。CH2 通道上的示波器表笔与光电二极管探头相连（地线与 12 V 的地相连，挂钩挂在探头线路板的挂环上）。

⑦ 打开示波器电源，功能置于双踪显示，CH1 触发。

⑧ 观察示波器上的 CH1 通道波形。了解液晶驱动电源的工作条件。

⑨ 将功能按键置于间歇状态，调整间歇频率旋钮，观察系统输出光的变化情况和示波器上波形的情况，体会液晶电源的工作原理。

⑩ 根据定义，在示波器上测量上升时间和下降时间。

液晶响应时间

状态		上升时间/ms	下降时间/ms	响应时间/ms
次数	1			
	2			
	3			
	平均			

5. 通过液晶的衍射角测量液晶的晶格常数

① 取下实验 1 中的检偏器和功率计探头。

② 打开液晶驱动电源，将功能按键置于连续，将驱动电压置于 6V 左右，等待几分钟，用白屏观察液晶盒后光斑的变化情况。应可观察到类似光栅衍射的现象。

③ 仔细调整驱动电压和液晶盒角度，使衍射效果最佳。

④ 用尺子量出衍射角，用光栅公式求出这个液晶“光栅”的光栅常数。

液晶的晶格常数

状态		水平距离 x	竖直距离 y	衍射角	光栅常数 d
次数	1				
	2				
	3				
	平均				

【数据处理】

① 扭曲角测量三次取平均值。

② 电光效应曲线用软件比如 Excel 作图并标明全部要素，手绘图要工整，标示出阈值电压和饱和电压。

③ 液晶的响应时间测量，直接由示波器输出一个完整波形，标示出示波器每一格代表的时间值，并标示出上升时间和下降时间的位置、宽度。

④ 用衍射方法测液晶晶格常数，要写出光栅方程，求出平均值，与已知文献比较。

【思考题】

① 液晶响应速度的意义是什么?

② 通过文献阐述液晶光开关的原理。

③ 通过文献查找写出液晶的晶格常数，或者其他微观常数。

【附录】主机箱面板功能

主机箱“液晶驱动电源”主要功能为液晶盒的工作电压、间歇频率、驱动频率的调节，以及液晶盒的工作状态调节等。液晶实验主机前、后面板分别见图 2. 4. 4、图 2. 4. 5，各面板元器件作用与功能如下:

1. 液晶实验主机前面板

① 表头: 3 位半数字表头，用于指示液晶盒工作电压的大小，可通过驱动电压旋钮进行调节。

② 间歇/连续按钮: 液晶盒的工作状态，开或关。

③ 间歇频率旋钮。

④ 驱动频率旋钮。

⑤ 驱动电压旋钮: 液晶盒工作电压旋钮，调整范围 2~12 V。

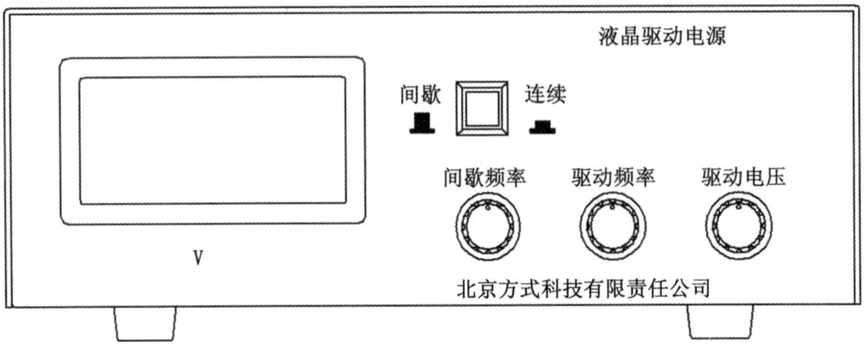

图 2. 4. 4　液晶实验主机前面板

2. 液晶实验主机后面板

① 电源开关按钮，主机的电源开关(220 V AC)。

② 示波器插座: 通过导线与示波器 1 通道相连。

③ 液晶盒插座: 与液晶盒相连。

④“+”插座: 通过红色导线与光电二极管探头相连。

⑤“-”插座: 通过黑色导线与光电二极管探头相连。

⑥ 电源插座: 通过 220 V 电源线与接线板相连。

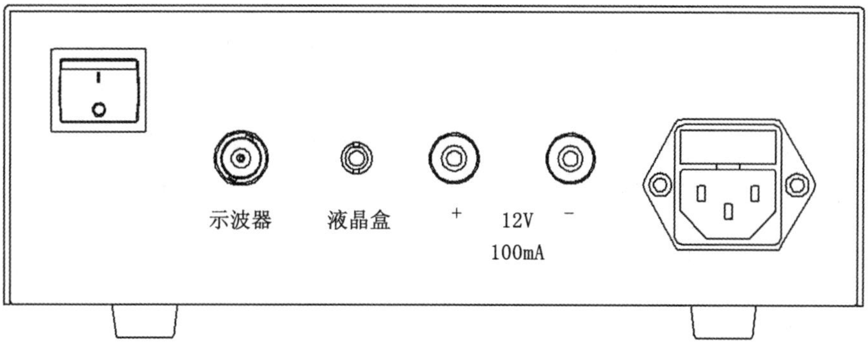

图 2.4.5　液晶实验主机后面板

实验 2.5　晶体电光调制实验

当给晶体或液体加上电场后，该晶体或液体的折射率发生变化，这种现象称为电光效应。电光效应在工程技术和科学研究中有许多重要应用，它有很短的响应时间(可以跟上频率为 1010 Hz 的电场变化)，可以在高速摄影中作快门或在光速测量中作光束斩波器等。在激光出现以后，电光效应的研究和应用得到迅速的发展，电光器件被广泛应用在激光通信、激光测距、激光显示和光学数据处理等方面。

晶体电光调制实验是基于晶体的电光效应，通过电光调制实现激光通信的综合实验。要用激光作为信息的载体，就必须解决如何将信息加到激光上的问题。将信息加载于激光的过程称为调制，由激光“携带”信息通过一定的传输通道送到接收器，再由光接收器鉴别并还原成原来的信息，而经光电转换从中分离出原信号的过程称为解调。通过实验可以使学生加深对偏振光干涉、激光调制等知识的理解和认识，培养和锻炼学生的动手能力，提高学生的工程意识。

【实验目的】

① 掌握晶体电光调制的原理和实验方法。

② 观察电光调制实验现象，并测量电光晶体的各参数。

③ 实现模拟光通讯。

【实验原理】

铌酸锂($LiNbO_3$)晶体简称 LN 晶体，属三方晶系，钛铁矿型结构，在不外加电场时属于负单轴晶体，是具有良好的压电、铁电、光电、非线性光学、热电、声光等性能的多功能材料，同时易于加工、成本低廉。对该晶体实施掺杂后能呈现出各种各样的特殊性质。

在 LN 晶体内部，不加外场时，由于晶胞内正负离子电荷的中心不重合，故自发极化形成固有的电偶极矩，呈现出极性。当对 LN 晶体外加电场时，外加电场使 LN 晶体晶胞的固有电偶极矩的极性倾向于与外加电场一致或者产生某种优势极性。因此，外加电场后必然改变 LN 晶体的折射率，外电场的变化也必然使晶体的光率体(有时也叫折射率椭球，见图 2.5.1)发生变化。

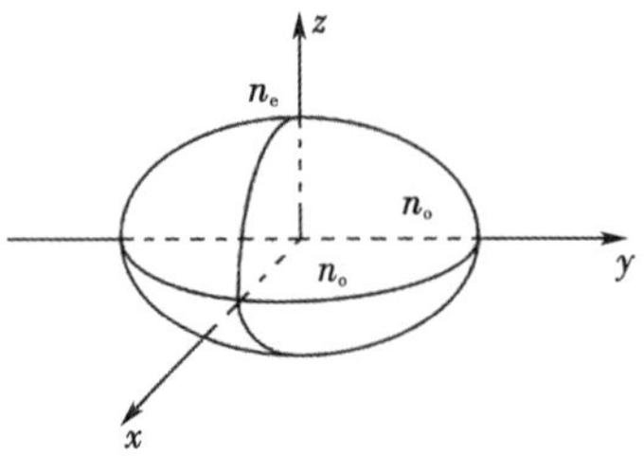

图 2.5.1　LN 晶体的光率体

未加电场时的折射率方程：

$$\frac{1}{n_x^2}x^2+\frac{1}{n_y^2}y^2+\frac{1}{n_z^2}z^2=1 \tag{2.5.1}$$

并且 $n_x=n_y=n_o$，$n_z=n_e$，$n_o>n_e$。

LN 晶体的电光系数为：

$$\boldsymbol{\gamma}=\begin{pmatrix} 0 & -\gamma_{22} & \gamma_{13} \\ 0 & \gamma_{22} & \gamma_{13} \\ 0 & 0 & \gamma_{33} \\ 0 & \gamma_{51} & 0 \\ \gamma_{51} & 0 & 0 \\ -\gamma_{22} & 0 & 0 \end{pmatrix} \tag{2.5.2}$$

式中，γ_{ij} 为电光系数，对于 LN 晶体，以 pm/V 为单位，则 $\gamma_{13}=8.6$，$\gamma_{33}=30.8$，$\gamma_{51}=28$，$\gamma_{22}=6.8$。

加上电场之后，其折射率椭球变为：

$$\left(\frac{1}{n_o^2}-\gamma_{22}E_y+\gamma_{13}E_z\right)x^2+\left(\frac{1}{n_o^2}+\gamma_{22}E_y+\gamma_{13}E_z\right)y^2+\left(\frac{1}{n_e^2}+\gamma_{33}E_z\right)z^2+ \\ 2\gamma_{51}E_y yz+2\gamma_{51}E_x zx-2\gamma_{22}E_x xy=1 \tag{2.5.3}$$

可见，在不同方向上加电场可得到不同形状、大小、取向的光率体。

在本实验中，我们采用的是 z 轴通光，y 轴加电场，即 $E_y\neq0$，$E_x=E_z=0$，则式(2.5.3)变为

$$\left(\frac{1}{n_o^2}-\gamma_{22}E_y\right)x^2+\left(\frac{1}{n_o^2}+\gamma_{22}E_y\right)y^2+\left(\frac{1}{n_e^2}\right)z^2+2\gamma_{51}E_yyz=1 \tag{2.5.4}$$

因 $\gamma_{51}E_y \ll 1$，故对应项可以忽略，经坐标变换，可求出三个感应主轴 x'、y'、z'（仍在 z 方向上）上的主折射率

$$\left.\begin{aligned} n_{x'} &= \left(\frac{1}{n_o^2}-\gamma_{22}E_y\right)^{-\frac{1}{2}} \\ n_{y'} &= \left(\frac{1}{n_o^2}+\gamma_{22}E_y\right)^{-\frac{1}{2}} \\ n_{z'} &= n_e \end{aligned}\right\} \tag{2.5.5}$$

偏振光干涉原理如图 2.5.2 所示。

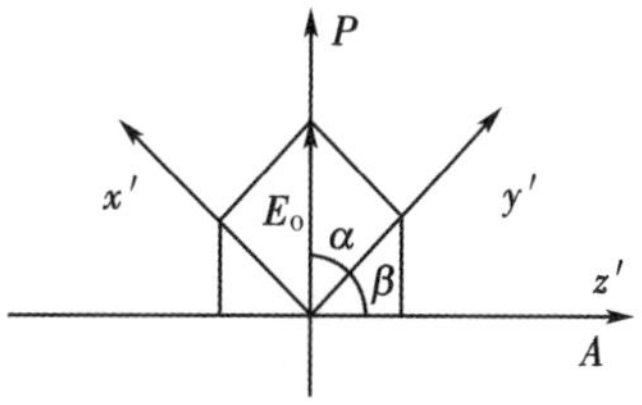

图 2.5.2　偏振光干涉原理

假设一束偏振方向为 P、振幅为 E_o 的偏振光经过加外加电场的电光晶体（本实验所采用的晶体尺寸如图 2.5.3 所示）后变成两束互相垂直的 o 光和 e 光，其折射率分别为 n_o 和 n_e，则 $E_{x'}=E_o\cos\alpha$，$E_{y'}=E_o\sin\alpha$。

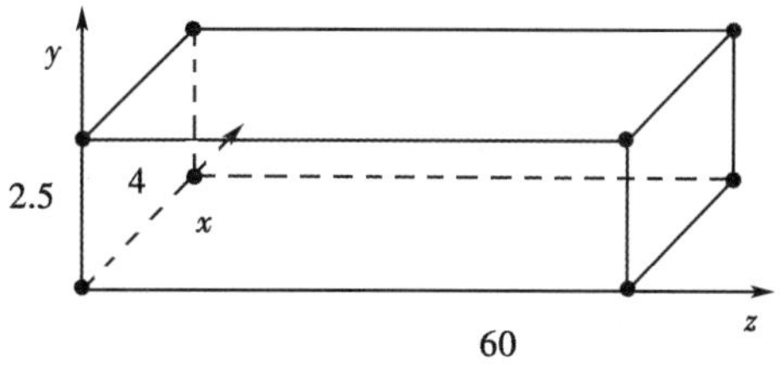

图 2.5.3　实验采用的 LN 晶体尺寸

它们经过一个长度为 L 的电光晶体，则 o 光 e 光之间产生的相位差为

$$\delta=\frac{2\pi L\Delta n}{\lambda} \tag{2.5.6}$$

接着，这两束互相垂直的光经过一个偏振方向与入射方向垂直的 A 偏振片，则这两束光在 A 方向上的投影为

$$\left.\begin{aligned} E'_{x'} &= E_o\cos\alpha\cos\beta \\ E'_{y'} &= E_o\sin\alpha\sin\beta \end{aligned}\right\} \tag{2.5.7}$$

则在 A 方向上的叠加后的光强为 $I=E'^2_{x'}+E'^2_{y'}+2E'_{x'}E'_{y'}\cos(\pi+\delta)$，将式(2.5.7)代入，若 $P\perp A$，则可以令 $\alpha+\beta=90°$，可得

$$I=\frac{1}{2}I_0(1-\cos\delta)=I_0\sin^2\frac{\delta}{2} \tag{2.5.8}$$

当在 z 方向通光，偏振方向与 x，y 轴成45°时，实际上是 x，y 方向的两束偏振光发生折射。则

$$\Delta n=n'_x-n'_y=n_o^3\gamma_{22}\frac{U}{D} \tag{2.5.9}$$

将式(2.5.8)代入式(2.5.5)，可以得到

$$\delta=\frac{2\pi Ln_o^3\gamma_{22}U}{\lambda D} \tag{2.5.10}$$

由式(2.5.8)可知，I 随着 δ 的变化而变化，而根据 $\delta=\frac{2\pi L\Delta n}{\lambda}$ 可知，δ 随着 Δn 的变化而变化，进一步据以上理论可知，Δn 随着外加电压 E 的变化而变化。所以，调节加电压，就可以调节出射光的光强。当 $I/I_0=100\frac{0}{0}$，即入射光完全透射时，由式(2.5.8)可以知道此时相位差 $\delta=\pi$，并称此时所加外加电场的强度为半波电压 U_π。因此根据上面的结论，可以列出理想的 U_π 的计算式。

y 轴方向加场，z 轴方向通光时，由式(2.5.10)得到：$U_\pi=\frac{\lambda D}{2Ln_o^3\gamma_{22}}$。

简化可得，$\delta=\frac{\pi U}{U_\pi}$。

光强透过率

$$T=\frac{I}{I_0}=\sin^2\frac{\delta}{2} \tag{2.5.11}$$

改变信号源各参数，对输出特性的影响如下：

令 $U=U_0+U_m\sin(\omega t)$，U_0 称为偏压，U_m 为调制信号的振幅，ω 为调制信号的频率。

①当 $U_0=\frac{U_\pi}{2}$、$U_m\ll U_\pi$ 时，将工作点选定在线性工作区的中心处，如图2.5.4(a)所示，此时，可获得较高效率的线性调制，把 $U_0=\frac{U_\pi}{2}$ 代入式(2.5.11)，得

$$\begin{aligned}T&=\sin^2\left(\frac{\pi}{4}+\frac{\pi}{2U_\pi}U_m\sin\omega t\right)\\&=\frac{1}{2}\left[1-\cos\left(\frac{\pi}{2}+\frac{\pi}{U_\pi}U_m\sin\omega t\right)\right]\\&=\frac{1}{2}\left[1+\sin\left(\frac{\pi}{U_\pi}U_m\sin\omega t\right)\right]\end{aligned}$$

由于 $U_m \ll U_\pi$ 时 $T \approx \frac{1}{2}\left[1+\left(\frac{\pi U_m}{U_\pi}\right)\sin\omega t\right]$，即

$$T \propto \sin\omega t \tag{2.5.12}$$

这时，调制器输出的信号和调制信号虽然振幅不同，但是两者的频率却是相同的，输出信号不失真，我们称为线性调制。

②当 $U_0=0$、$U_m \ll U_\pi$ 时，如图 2.5.4(b)所示，把 $U_0=0$ 代入式(2.5.11)，得

$$\begin{aligned} T &= \sin^2\left(\frac{\pi}{2U_\pi}U_m\sin\omega t\right) \\ &= \frac{1}{2}\left[1-\cos\left(\frac{\pi}{U_\pi}U_m\sin\omega t\right)\right] \\ &\approx \frac{1}{4}\left(\frac{\pi}{U_\pi}U_m\right)^2\sin^2\omega t \\ &\approx \frac{1}{8}\left(\frac{\pi U_m}{U_\pi}\right)^2(1-\cos 2\omega t) \end{aligned}$$

即
$$T \propto \cos 2\omega t \tag{2.5.13}$$

从式(2.5.13)可以看出，输出信号的频率是调制信号频率的 2 倍，即产生“倍频”失真。若把 $U_0=U_\pi$ 代入式(2.5.11)，经类似的推导，可得 $T \approx 1-\frac{1}{8}\left(\frac{\pi U_m}{U_\pi}\right)^2(1-\cos 2\omega t)$。

即 $T \propto \cos 2\omega t$，输出信号仍是“倍频”失真的信号。

③直流偏压 U_0在 0 V 附近或在 U_π 附近变化时，由于工作点不在线性工作区，输出波形将失真。

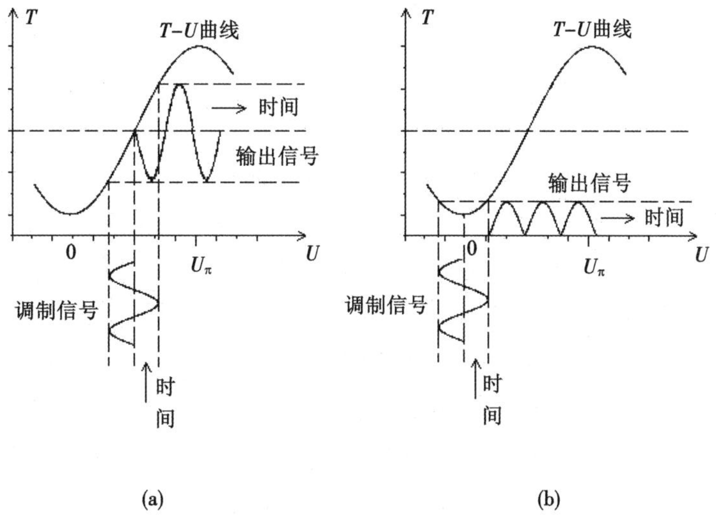

图 2.5.4　晶体调制曲线

④当 $U_0=\frac{U_\pi}{2}$，$U_m>U_\pi$ 时，调制器的工作点虽然选定在线性工作区的中心，但不满足小信号调制的要求，输出波形仍然是失真的。

【实验仪器】

光学导轨，起偏器，检偏器，1/4 波片，He-Ne 激光器、电光调制器、硅光电探测器，电光调制实验仪信号源，双踪示波器，有源音箱，声音源。

【实验内容】

实验光路的连接和调节。

按照系统连接方法将激光器、电光调制器、光电探测器等部件连接到位。系统连接方法如图 2.5.5 所示，其中电光调制器的滑动座是二维移动平台，与其他的滑动座有所不同。

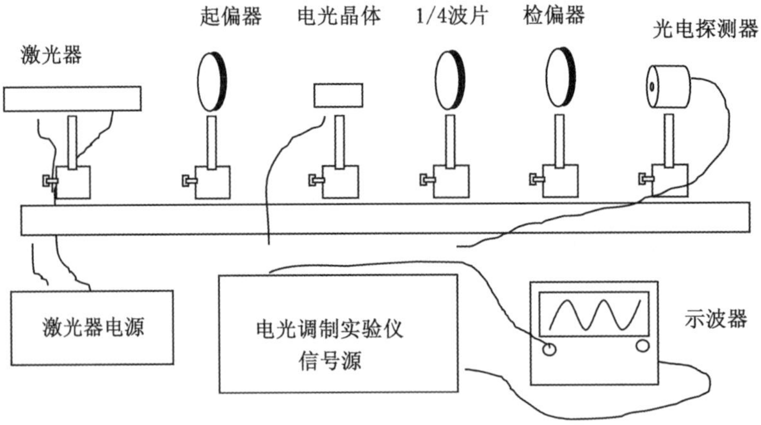

图 2.5.5　系统连接方法

其中，信号源面板如图 2.5.6 所示。在信号源面板上，“解调监视”口用于输出晶体调制电压。“高压输出开关”拨向上为打开，拨向下为关闭。如果拨向上，那么输出的调制电压上就会叠加一个直流偏压，用于改变晶体的调制曲线。“信号选择”开关用于选择调制信号为正弦波还是音频信号。“探测信号输入”口接光电探测器的输出，对探测器输入的微弱信号进行处理后通过“解调监视”口输出，连接至示波器上。

在具体的连接中，“解调监视”口连接示波器，“调制输出”口连接电光调制器。在观察电光调制现象时，需要使用一个带衰减的探头，连接时，探头的黑色鳄鱼夹连接至前面两根线的黑色鳄鱼夹，探针接红色鳄鱼夹（在测量时，探头应 10 倍衰减）。硅光电探测器通过一根两端都是 BNC 头的连接线连接至示波器上。

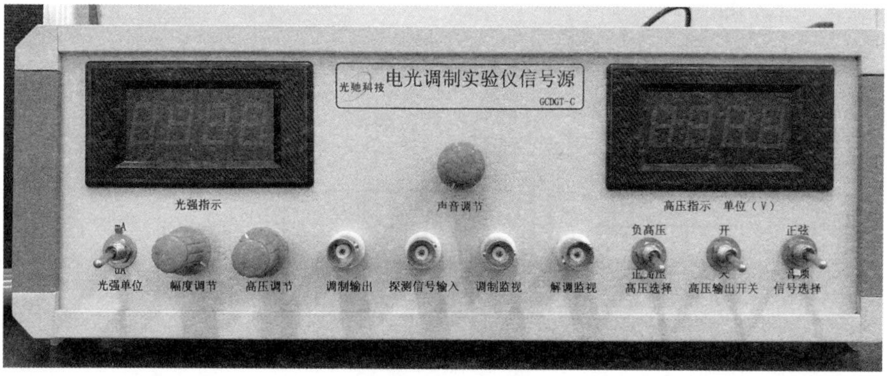

图 2.5.6　信号源面板

1. 激光器的准直

在实验中，调节激光器的出射光线水平对这个实验的影响非常大，也是比较重要的一步。激光器准直调节采用远近共点调节法，在导轨水平放置下首先目测激光器出射光线是否水平出射到光屏上，调节激光器底座的垂直调节旋钮，目测使激光器射出的光束基本水平。然后将光屏移到导轨的中间，用十字符号记录激光打在光屏的位置，移动白屏，使其沿光路逐渐远离激光器，细心观察激光打在光屏的光点和之前记录十字符号的位置关系，并把它们调节重合；再把光屏向激光靠近，同样观察它们的位置关系并调节重合，反复几次之后就可以使激光水平出射。

2. 起偏器和检偏器的同轴等高调节

检偏器和起偏器的同轴等高调节对锥光干涉图形的质量有着很大作用，调节时采用了反射共点法，当光线垂直入射到起偏器或检偏器上时，起偏器或检偏器的两个镜面反射回来的光束都应与入射光线重合，就表明激光束与镜面垂直。可以根据反射回来的光斑与入射光线的位置关系判别入射面的情况从而合理调节，入射光束和反射光束距离越远，说明入射面和入射光线的夹角越大；反之，就说明入射面和入射光线的夹角较小，越接近垂直入射。根据光屏上反射回来的光束与入射光束的位置关系就可以掌握检偏器和起偏器的调节方向，通过调节检偏器和起偏器后面两个三维调节旋钮就可使起偏器或检偏器两个镜面反射回来的光束与入射光线达到重合。

使起偏器表面与激光束垂直，且使光束在元件中心穿过。再放上检偏器，使其表面也与激光束垂直，转动检偏器，使其与起偏器正交，即使检偏器的主截面与起偏器的主截面垂直，这时光点消失，即所谓的消光状态。

将电光调制器置于导轨上，调节使其 x 轴在铅直方向，使其通光表面垂直于激光束（这时晶体的光轴与入射方向平行，成正入射），这时观察晶体前后表面查看光束是否在晶体中心，若没有，则精细调节电光调制器的二维调整架，保证使光束都通过晶体，且从晶体出来的反射像与半导体的出射光束重合。

3. 观察锥光干涉图

将各部件调节至共轴之后，以普通的氦-氖激光器为光源，将毛玻璃与激光束垂直并尽量贴近晶体入射面，如图 2.5.7 所示。

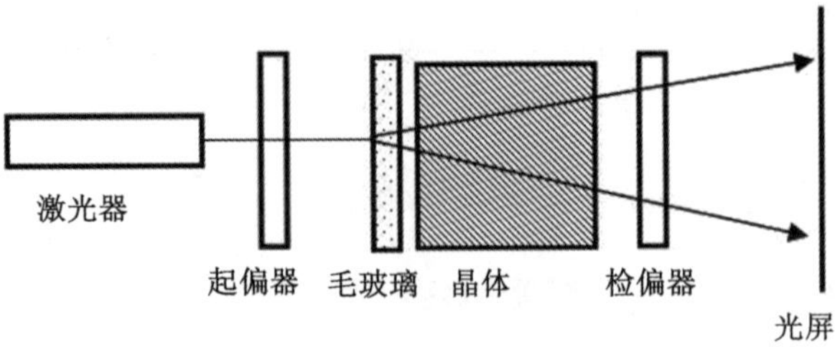

图 2.5.7　光路系统示意图

此时在光屏上可观察到晶体的单轴锥光干涉图，即一个清楚的暗十字线，它将整个光场分成均匀的四瓣。如果不均匀，可调节晶体上的调整架，也可以调节光屏位置，直到得到最佳的图样为止。

旋转起偏器和检偏器，使其相互平行，观察锥光干涉图的变化。当晶体加上偏压时会呈现双轴锥光干涉图，说明单轴晶体在电场作用下变成双轴晶体，即电致双折射，观察此现象。若改变偏压极性，锥光干涉图会有何变化，观察此现象。

4. 通过改变直流偏压和加入 λ/4 波片改变工作点，观察输出特性

将信号源输出的正弦波信号加在晶体上，并将探测器输出的信号接到示波器上，调节波片，观察输出信号的变化，记下调节最佳时输出信号的幅值；改变信号源输出信号的幅值与频率，观察探测器输出信号的变化；去掉 λ/4 波片，加上直流偏压，改变其大小，观察输出信号的变化，并与加波片的情况进行比较。

5. 测量半波电压

测量晶体的半波电压的方法有两种：

① 极值法，即晶体上只加直流电压，不加交流信号，使直流电压从小到大逐渐改变，输出的光强将会出现极大极小值，相邻极大极小值之间对应的直流电压之差就是半波电压。具体步骤是：去掉 λ/4 波片，调节检偏器使输出光强最小，然后将信号源中正弦波的输出幅度调节至零，打开高压开关，逐渐增加直流偏压，同时读出示波器上硅光电探测器输出的电压值，当输出电压值达到最大时，记下信号源上直流偏压的读数，此读书即为该晶体的半波电压。

② 调制法，即晶体上同时加上直流电压与交流电压，当出现第一次倍频现象时，继续加大电压，直到出现第二次倍频现象。出现两次倍频现象之间的电压之差即为半波电压。此法虽然精度很高，但是需要精确调节。注意：在加直流偏压的时候，一定要先从零开始慢慢增加电压！

6. 电光调制与光通讯实验演示

将音频信号输入到本机的“音频输入”插座，光电探测器输出口接到信号源“探测

信号”口，将有源扬声器输入端插入“解调信号”插座，加晶体偏压或旋转波片使电光晶体进入调制特性曲线的线性区域，即可以使扬声器播放音频节目。改变偏压或旋转波片试听扬声器音量与音质的变化。用不透光物体遮住激光光线，声音消失，说明音频信号是调制在激光上的，验证光通讯。

【注意事项】

① 本实验使用的晶体根据其绝缘性能最大安全电压约为 500 V，超过 500 V 易损坏晶体。

② 本实验所采用的激光器电源两极有千伏高压，在使用时要注意安全！

③ 在实验过程中，应避免激光直射到人眼，以免对眼睛造成伤害。

④ 本实验所用光学器件均为精密仪器，在使用时应十分小心。

【数据处理】

① 记录实验中观察到的不同条件下的锥光干涉图。

② 记录通过旋转波片，观察到的线性、倍频等输出特性。

③ 测得半波电压为________。

【思考题】

① 铌酸锂在施加电场前后有什么不同？是否都存在双折射现象？

② 为什么 $\lambda/4$ 波片也可以改变电光晶体的工作点？

③ 旋转 $\lambda/4$ 波片一周，会出现几次线性、几次倍频现象？解释其原因。

【附录】

1. 偏振光干涉

1811 年，英国物理学家阿喇果第一次对偏振光的干涉现象进行了研究：他在用方解石观察天空的蓝光时，加入了一块透明的薄云母片，结果发现出射的 o 光与 e 光两束光都具有鲜明的彩色色彩，接下来他又把薄云母片换成不同的薄晶体片，结果发现几乎所有经过晶体片出射的 o 光与 e 光都具有鲜明的彩色色彩。对于这一现象，他认为是偏振光干涉的结果。直到 1816 年，阿喇果与菲涅尔合作，完成了几个与偏振光干涉有关的基本实验并得出了一定的成果。这些实验表明，如果在普通的干涉实验中保证两条干涉光线在两个互相垂直的平面内偏振，那就不能观察到干涉花样，即主极大值与极小值的分布。

与光的干涉相似，偏振光干涉也含有三项要素，即照明光波特性、各向异性装置引起的相位差及干涉光场分布。偏振光干涉的各种应用都可以归结为通过其中两项要素来求取第三项要素的过程。

偏振光干涉的第一部分为偏振光发生器，由一块起偏器和一块晶片组成(也可以省略去晶片)，常见的晶片有半波片等。当偏振光发生器中只含有起偏器而不含有晶片时，出射光为线偏振光，当其中的晶片不同时，可以产生不同的偏振光，又由于偏振片的作用，入射光经过偏振片后，其能量并不能完全转化为出射光。第二部分为各向异性装置，各向异性装置通常是晶体板或者波晶片，其作用是产生振动方向相互垂直的偏振光，即 o 光与 e 光。第三部分是检偏器与接收光屏，检偏器的作用是从 o 光与 e 光两束光中分离出振动方向与其透振方向相同的两个分量，分别为 o 分量与 e 分量，使得这两个分量满足发生干涉所需的相干条件。

偏振光干涉具体应用的例子有晶体双折射率的测定，光测弹性力学，金属、薄膜折射率的测定，椭圆偏振光的检验等。

2. 电光效应

1893 年普克尔斯(Pokells)发现，有些晶体，特别是压电晶体，在加了外电场后，也能改变它们的各向异性性质，人们称此种电光效应为普克尔斯效应。电光效应在工程技术和科学研究中有许多重要应用，它有很短的响应时间(可以跟上频率为 10Hz 的电场变化)，因此被广泛用于高速摄影中的快门、光速测量中的光束斩波器等。由于激光的出现，电光效应的应用和研究得到了迅速发展，如激光通信、激光测量、激光数据处理等。

尽管电场引起折射率的变化很小，但可用干涉等方法精确地显示和测定，并带来许多重要的应用。如广泛用于光通信，测距、显示、信息处理，以及传感器等许多方面。

电光效应的运用在生活中也是随处可见的，特别是在电子摄影、数码摄影，以及通信领域的运用广泛。例如：

① 应用液晶电光效应设计的两种特殊的光学器件——液晶光快门和液晶透镜。

② 高速相位调制器可用于相干光纤通信系统，在密集波分复用光纤系统中用于产生多光频的梳形发生器，也能用作激光束的电光移频器，其中 M-Z 铌酸锂调制器有良好的特性，可用于光纤有线电视(CATV)系统、无线通信系统中基站与中继站之间的光链路和其他的光纤模拟系统。

③ 液晶既表现出液体的流动性，又表现出晶体所特有的各向异性，其特征是受到外部电场、磁场、热、压力等的作用时，分子排列状态即其光学性质和电学性质发生变化。特别是液晶受电压作用而产生的分子取向效应——电光效应被广泛地应用于显示器件。

第 3 章　信息光学实验

实验 3.1　傅立叶光学的频谱和光学滤波

傅立叶光学是现代光学的一个分支，是将电信理论中使用的傅立叶分析方法移植到光学领域而形成的新学科。把傅立叶光学变换引入光学，在形式上和内容上都已经成为现代光学发展的新起点。空间频谱与空间滤波实验是信息光学中最典型的基础实验。

空间滤波和光学信息处理可追溯到 1873 年德国人阿贝（Abbe）在研究显微镜的成像规律时提出的二次成像理论。阿贝于 1893 年、波特（Porter）于 1906 年为验证这一理论所做的实验，科学地说明了成像质量与系统传递的空间频谱之间的关系，为以后的傅立叶光学奠定了基础。这些实验简单、形象，令人信服，对相干光成像的机理及频谱分析和综合原理做出深刻的解释，同时这种用简单的模板做滤波的方法一直延续至今，在图像处理技术中仍然有广泛的应用价值。20 世纪 60 年代由于激光的出现和全息术的重大发展，光学信息处理进入了蓬勃发展的新时期。

【实验目的】

① 了解透镜的傅立叶变换性质，加深对空间频率、空间频谱和空间滤波等概念的理解。

② 熟悉阿贝成像原理，从信息量的角度理解透镜孔径对分辨率的影响。

③ 完成一维空间滤波、二维空间滤波及高通空间滤波。

【实验原理】

1. 阿贝成像原理

阿贝在相干光成像的理论中做了这样一个假设：在相干光照明时，透镜的成像可以分为两步：第一步，是相干光经过物体产生了衍射，衍射光通过透镜后在其后焦平面上产生了衍射图样；第二步，可以将这个衍射图上的每一点看作相干的次波源，这些次波源发出的光在像平面上相干叠加，形成物体的像。

物体成像的这两个步骤，如果用频谱理论来进行分析，就是两次傅立叶变换，第一步是物体的光场分布变换为空间频率分布，衍射图所在的后焦面称为物体的频谱面；第二步是将频谱面上的空间频率分布函数作逆傅立叶变换，还原成为物体的像。

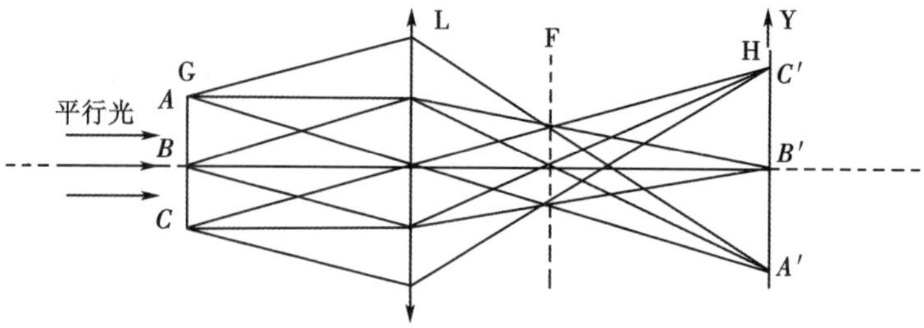

图 3.1.1　阿贝成像原理示意图

我们知道：任何一列波，均可看成一系列正弦波的叠加。相类似，任何一个物体从傅立叶光学的角度看，也都可看成一系列不同参数的正弦光栅的叠加。根据光栅的理论，频谱面上的点具有以下的特点：

① 频谱面上的任何一个光点都对应着物面上的一定空间频率成分。

② 由光栅的衍射规律我们知道，频谱面上光点与中心的距离反映了物面上该频率成分的高低，距中心较远的光点包含着空间频率相对较高的信息，而距中心较近的光点则包含着空间频率相对较低的信息。频谱面上中心部分的光点，反映的是物体的大致轮廓等低频或直流信息，而外部光点则反映了物体的精微细节。

③ 光点分布的方向代表了物平面上该频率成分的方向。如水平的光点分布表示有纵向的光栅结构。

④ 平面上光点的强弱显示了在物平面上该频率成分的多少。

2. 空间滤波器和空间滤波

由以上定性分析可以看出，阿贝的二次成像理论的第一次衍射是透镜对物作空间傅立叶变换，它把物的各种空间频率和相应的振幅一一展现在它的焦平面上。一般情况下，物体透过率的分布不是简单的空间周期函数，它们具有复杂的空间频谱，故透镜焦平面上的衍射图样也是极复杂的。第二次衍射是指空间频谱的衍射波在像平面上的相干叠加。如果在第二次衍射中，物体的全部空间频谱都参与相干叠加成像，则像面与物面完全相似。如果在展现物的空间频谱的透镜焦平面上插入某种光学器件(称为空间滤波器)，使某些空间频率成分被滤掉或被改变，则像平面上的像就会被改变，这就是空间滤波和光学信息处理的基本思想。

常见的空间滤波器如图 3.1.2 所示，(a)为低通滤波：目的是滤去高频成分，保留低频成分。由于低频成分集中在谱面的光轴(中心)附近，高频成分落在远离中心的地方，经低通滤波后图像的精细结构将消失，黑白突变处也变得模糊。(b)为高通滤波：目的是滤去低频成分而让高频成分通过，其结果正好与低通滤波相反，使物的细节及边缘清晰。(c)为带通滤波：根据需要，有选择地滤掉某些频率成分。(d)为方向滤波：只让某一方向，例如纵向的频率成分通过，则像面上将突出了物的横向线条。

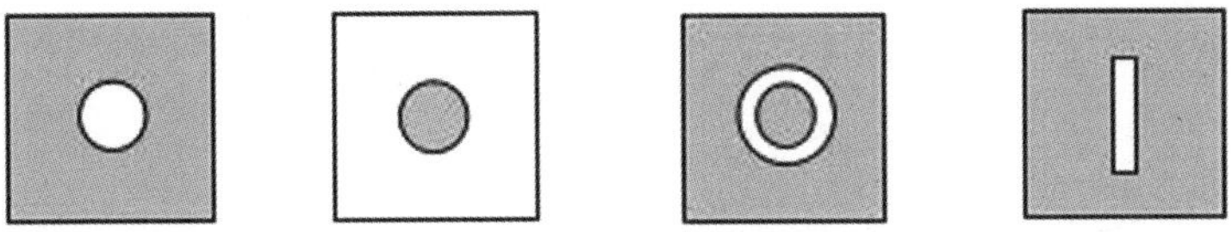

图 3.1.2　空间滤波器

【实验仪器】

光学导轨、半导体激光器、扩束镜、准直镜、傅立叶透镜、空间滤波器、光栅(正交)、网格字、白屏、毛玻璃等。

【实验内容】

1. 共轴光路调节

在光学导轨上将小圆孔光阑靠近激光管的输出端，上、下、左、右调节激光器，使激光束能穿过小孔；然后移远小孔，如光束偏离光阑，调节激光器的仰俯，再使激光束能穿过小孔，重新将光阑移近，反复调节，直至小孔光阑在光学导轨上平移时，激光束均能通过小孔光阑。记录下激光束在光屏上的照射点位置为 O。

调整各器件高度，使激光器、扩束镜、准直镜、光栅、透镜处于同一水平高度。激光束在光屏上位置为 O，在加入透镜 L 后，如激光束正好射在透镜 L 的光心上，则在光屏上的光斑以 O 为中心，如果光斑不以 O 为中心，则需调节透镜 L 的高低及左右，直到经过透镜 L 的光束不改变方向(即仍打在 O 上)为止；此时在激光束处再设带有圆孔 P 的光屏，从 L 前后两个表面反射回去的光束回到此 P 上，如果两个光斑套准并正好以 P 为中心，则说明 L 的光轴正好就在 P 与 O 连线上。不然就要调整 L 的取向。如光路中有几个透镜，先调离激光器最远的透镜，再逐个由远及近加入其他透镜，每次都保持两个发射光斑套准在 P 上，透射光斑以 O 中心，则光路就一直保持共轴。

调整准直透镜与扩束镜之间的距离，使用白屏观察准直后的光斑，光斑在近处和远处大致相等。

2. 空间频谱与空间滤波实验

① 将实验光路按图 3.1.3 所示摆放，打开半导体激光器并仔细调整扩束镜和准直镜，使准直镜后的激光束近似为一个平行光束，并照亮“光”字屏中的“光”字。

② 先取下滤波器，并前后移动傅立叶透镜和毛玻璃屏，使毛玻璃屏上呈现一个放大的清晰的“光”字，用放大镜仔细观察所成的像，应可观察到“光”字中的正交光栅的像。

③ 将白屏放在滤波器的滑块上，并前后移动，观察白屏上的图像和变化情况。理解

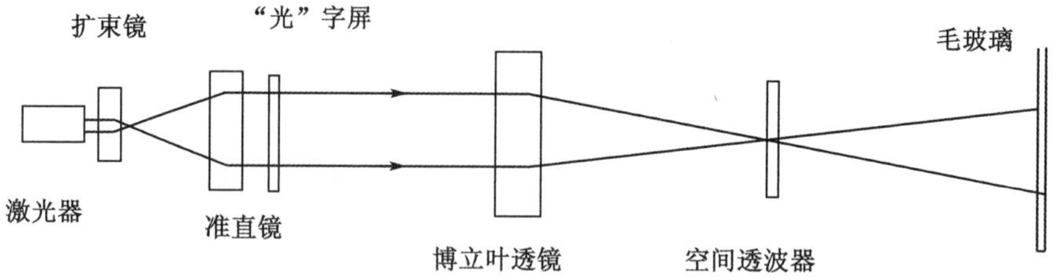

图 3.1.3　空间滤波实验光路

阿贝成像原理中的第一个步骤和频谱的概念。

④ 将白屏放在频谱面附近，这时白屏上的像应是清晰的光点阵形式，如图 3.1.4 所示，用滤波器换下白屏，并仔细调整前后位置，尽量使滤波器表面所呈的光点阵小而清晰。

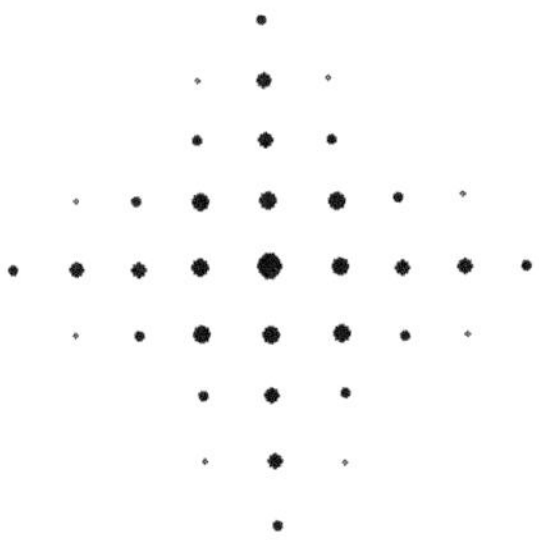

图 3.1.4　"光"字频谱

⑤ 仔细调整滤波器，分别使中心光点通过大孔、$\phi 1$ 孔和 $\phi 0.4$ 孔，并观察毛玻璃上所成像的情况和变化规律，并以阿贝成像理论和频谱理论相对照，验证。

⑥ 理解数值孔径和频谱对图像清晰度的影响及阿贝成像原理中的第二步：干涉。

⑦ 分别让中心光点周围的光点通过 $\phi 0.4$ 小孔，观察图像变化。试解释此现象。

⑧ 分别将狭缝放置成水平、垂直和 45°角状态，仔细调整狭缝位置，分别使中心水平光斑、中心垂直光斑和对角线光斑通过狭缝，观察毛玻璃上所成像的情况和变化规律。

⑨ 将狭缝置于两排光点之间，观察毛玻璃上的情况变化。

⑩ 观察光栅的频谱和成像，以及滤波结果。

3. 卷积的光学模拟

① 将半导体激光器置于导轨的一端，紧靠激光器放置小孔屏，使激光从小孔中穿过。

② 在距小孔屏后约 300 mm 处放置白屏。

③ 紧靠小孔屏分别放置卷积附件 1 和卷积附件 2，观察光斑的分布情况。

④ 分别转动卷积附件 1 和卷积附件 2，观察光斑的变化情况。

⑤ 将卷积附件 1 和卷积附件 2 同时放置在光路中，观察光斑的分布情况。

⑥ 分别转动卷积附件 1 和卷积附件 2，观察光斑的变化情况，理解卷积的概念。

【注意事项】

实验中请勿直视激光。

【数据处理】

① 记录“光”字屏和光栅的一次和二次成像结果。

② 记录“光”字屏和光栅的滤波结果。

③ 记录“光”字屏和光栅同时放在物方的一次和二次成像结果。

【思考题】

① 什么是阿贝二次成像？

② 如何实现空间滤波？

③ 从实验现象解释，如何实现卷积定理的光学模拟。

【附录】

1. 傅立叶光学

傅立叶光学是把通信理论，特别是傅立叶分析（频谱分析）方法引入到光学中来逐步形成的一个分支。它是现代物理光学的重要组成部分。光学系统和通信系统相似，不仅在于两者都用来传递和交换信息，而且在于这两种系统都具有一些相同的基本性质，因而都可以用傅立叶分析（频谱分析）方法来加以描述。通信理论中许多经典的概念和方法，如滤波、相关、卷积和深埋于噪声中的信号的提取等，被移植到光学中来，形成了光学传递函数、光学信息处理、全息术等现代光学发展的新领域。阿贝成像理论是建立在傅立叶光学基础上的信息光学理论，阿贝-波特实验是阿贝成像理论的有力证明。阿贝成像理论所揭示的物体成像过程中频谱的分解与综合，使得人们可以通过物理手段在谱面上改变物体频谱的组成和分布，从而达到处理和改造图像的目的，这就是空间滤波。空间滤波的目的是通过有意识地改变像的频谱，使像产生所希望的变换。光学信息处理是一个更为宽广的领域，它主要是用光学方法实现对输入信息的各种变换或处理。

2. 二维傅立叶变换和空间频谱

在信息光学中常用傅立叶变换来表达和处理光的成像过程。设在物屏 $X-Y$ 平面上光场的复振幅分布为 $g(x,\ y)$，根据傅立叶变换特性，可以将这样一个空间分布展开成一系列二维基元函数 $\exp[\mathrm{i}2\pi(f_x x+f_y y)]$ 的线性叠加，即

$$g(x,\ y)=\iint_{-\infty}^{+\infty} G(f_x,\ f_y)\exp[\mathrm{i}2\pi(f_x x+f_y y)]\,\mathrm{d}f_x\mathrm{d}f_y \tag{3.1.1}$$

式中f_x、f_y为x、y方向的空间频率，即单位长度内振幅起伏的次数，$G(f_x,f_y)$表示原函数$g(x,y)$中相应于空间频率为f_x、f_y的基元函数的权重，亦即各种空间频率的成分占多大的比例，也称为光场(optical field)$g(x,y)$的空间频谱。$G(f_x,f_y)$可由$g(x,y)$的傅立叶变换求得

$$G(f_x,f_y)=\iint_{-\infty}^{+\infty} g(x,y)\exp[-\mathrm{i}2\pi(f_x x+f_y y)]\,\mathrm{d}x\mathrm{d}y \tag{3.1.2}$$

$g(x,y)$与$G(f_x,f_y)$是一对傅立叶变换式，$G(f_x,f_y)$称为$g(x,y)$的傅立叶变换，$g(x,y)$是$G(f_x,f_y)$的逆变换，它们分别描述了光场的空间分布及光场的频率分布，这两种描述是等效的。

当$g(x,y)$是空间周期函数时，空间频率是不连续的。例如空间周期为x_0的一维函数$g(x)$，即$g(x)=g(x+x_0)$。描述空间周期为x_0的一维光栅时，光栅面上光振幅分布可展成傅立叶级数

$$g(x)=\sum G_n\exp(\mathrm{i}2\pi f_n x)=\sum G_n\exp(\mathrm{i}2\pi n f_0 x) \tag{3.1.3}$$

式中，$n=0,\pm1,\pm2,\cdots$；$f_0=1/x_0$，称为基频；$f_n=nf_0$，是基频的整数倍频，称为n次谐波的频率。G_n是$g(x)$的空间频率，由傅立叶变换得

$$G_n=\frac{1}{x_0}\int_{-x_0/2}^{+x_0/2} g(x)\exp(-\mathrm{i}2\pi n f_0 x)\,\mathrm{d}x \tag{3.1.4}$$

3. 透镜的二维傅立叶变换性质

在光学上，透镜是一个傅立叶变换器，它具有二维傅立叶变换的本领。理论证明，若在焦距为F的正透镜L的前焦面(x-y面)上放一光场振幅透过率为$g(x,y)$的物屏，并以波长为λ的相干平行光照射，则在L的后焦面(X'-Y'面)上就得到$g(x,y)$的傅立叶变换，即$g(x,y)$的频谱，此即夫琅禾费衍射情况。其空间频谱

$$G\left(\frac{x'}{\lambda F},\frac{y'}{\lambda F}\right)=\iint_{-\infty}^{+\infty} g(x,y)\exp\left[-\mathrm{i}2\pi\left(\frac{x'}{\lambda F}x+\frac{y'}{\lambda F}y\right)\right]\mathrm{d}x\mathrm{d}y \tag{3.1.5}$$

其中空间频率f_x、f_y与透镜像方焦面(频谱面)上的坐标有如下关系

$$\left.\begin{aligned} f_x&=x'/\lambda F\\ f_y&=y'/\lambda F\end{aligned}\right\} \tag{3.1.6}$$

显然，$G\left(\frac{x'}{\lambda F},\frac{y'}{\lambda F}\right)$就是空间频率为$\left(\frac{x'}{\lambda F},\frac{y'}{\lambda F}\right)$的频谱项的复振幅，是物的复振幅分布的傅立叶变换，这就为函数的傅立叶变换提供了一种光学手段，将抽象的函数演算变成了实实在在的物理过程。由于$\frac{x'}{\lambda F}$，$\frac{y'}{\lambda F}$分别正比于x'，y'，所以当λ、F一定时，频谱面上远离坐标原点的点对应于物频谱中的高频部分，中心点$x'=y'=0$，$f_x=f_y=0$对应于零频。

实验 3.2 光学图像加减

光学图像信息处理是图像信息处理的重要组成内容，与其他数字图像信息处理方法相比较，具有结构简单、并行高速处理的优点。相干光图像信息处理是光学图像信息处理的重要方面，它是指采用相干光源，基于光学频谱分析，利用傅立叶综合技术，通过空域或频域调制，借助空间滤波技术对光学信息进行处理的过程，主要应用于图像边缘增强、图像相减、图像识别、图像复原等。

图像相减是求两张相近照片的差异，从中提取差异信息的一种运算。通过在不同时期拍摄的两张照片相减，在医学上可用来发现病灶的变化；在军事上可以发现地面军事设施的增减；在农业上可以预测农作物的长势；在工业上可以检查集成电路掩膜的疵病；还可用于地球资源探测、气象变化，以及城市发展研究等各个领域。

图像相减是相干光学处理中的一种基本的光学与数学运算，是图像识别的一种主要手段。实现图像相减的方法很多，本实验介绍最常用的利用正弦光栅作为空间滤波器来实现图像相减的方法。

【实验目的】

① 采用正弦光栅作滤波器，对图像进行相加和相减实验，加深对空间滤波概念的理解。

② 通过实验，加深对傅立叶光学相移定理和卷积定理的认识。

【实验原理】

设正弦光栅的空间频率为 f_0，将其置于 $4f$ 系统的滤波平面 P_2 上，如图 3.2.1 所示，光栅的复振幅透过率为：

$$H(f_x, f_y)=\frac{1}{2}+\frac{1}{2}\cos(2\pi f_0 x_2+\varphi_0)=\frac{1}{2}+\frac{1}{4}e^{i(2\pi f_0 x_2+\varphi_0)}+\frac{1}{4}e^{-i(2\pi f_0 x_2+\varphi_0)} \tag{3.2.1}$$

式中，$f_x=\frac{x_2}{\lambda f}$，$f_y=\frac{x_2}{\lambda f}$（其中，$f$为傅立叶变换透镜的焦距）；$f_0$ 为光栅频率；φ_0 表示光栅条纹的初位相，它决定了光栅相对于坐标原点的位置。

将图像 A 和图像 B 置于输入平面 P_1 上，且沿 x_1 方向相对于坐标原点对称放置，图像中心与光轴的距离均为 b。选择光栅的频率为 f_0 使 $b=\lambda f f_0$，以保证在滤波后两图像中 A 的+1 级像和 B 的−1 级像能恰好在光轴处重合。于是，输入场分布可写成：

$$f(x_1, y_1)=f_A(x_1-b, y_1)+f_B(x_1+b, y_1) \tag{3.2.2}$$

其在频谱面 P_2 上的频谱为：

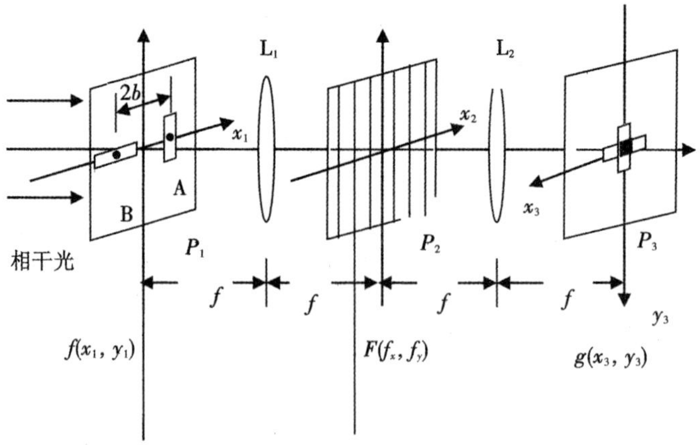

图 3.2.1 光栅实现图像相减光路图

$$F(f_x,f_y)=F_A(f_x,f_y)e^{-i2\pi f_x b}+F_B(f_x,f_y)e^{i2\pi f_x b}$$
$$=F_A(f_x,f_y)e^{-i2\pi f_x x_2}+F_B(f_x,f_y)e^{i2\pi f_x x_2} \tag{3.2.3}$$

经光栅滤波后的频谱为:

$$H(f_x,f_y)F(f_x,f_y)=\frac{1}{4}[F_A(f_x,f_y)e^{i\varphi_0}+F_B(f_x,f_y)e^{-i\varphi_0}]+$$
$$\frac{1}{2}[F_A(f_x,f_y)e^{-i2\pi f_0 x_2}+F_B(f_x,f_y)e^{i2\pi f_0 x_2}]+$$
$$\frac{1}{4}[F_A(f_x,f_y)e^{-i(4\pi f_0 x_2+\varphi_0)}+F_B(f_x,f_y)e^{i(4\pi f_0 x_2+\varphi_0)}] \tag{3.2.4}$$

再通过透镜 L_2 进行逆傅立叶变换(取反演坐标系统),在输出平面 P_3 上的光场为:

$$g(x_3,y_3)=\frac{1}{4}e^{i\varphi}[f_A(x_3,y_3)+f_B(x_3,y_3)e^{-i2\varphi_0}]+$$
$$\frac{1}{2}[f_A(x_3-b,y_3)+f_B(x_3+b,y_3)]+$$
$$\frac{1}{4}[f_A(x_3-2b,y_3)e^{-i\varphi_0}+f_B(x_3+2b,y_3)e^{i\varphi_0}] \tag{3.2.5}$$

当光栅条纹的初位相 $\varphi_0=\frac{\pi}{2}$,即光栅条纹偏离轴线$\frac{1}{4}$周期时,式(3.2.5)中的因子 $e^{-i\varphi_0 2}=-1$,于是式(3.2.5)变为

$$g(x_3,y_3)=\frac{1}{4}[f_A(x_3,y_3)-f_B(x_3,y_3)]+\frac{1}{2}[f_A(x_3-b,y_3)+f_B(x_3+b,y_3)]+$$
$$\frac{1}{4}[f_A(x_3-2b,y_3)e^{-i\varphi_0}+f_B(x_3+2b,y_3)e^{i\varphi_0}] \tag{3.2.6}$$

结果表明,在输出面 P_3 上系统的光轴附近,实现了图像相减。当光栅条纹的初位相 $\varphi_0=0$,即光栅条纹与轴线重合时,式(3.2.6)中的指数因子均等于1,结果在输出面 $\varphi_0=$

0 上系统的光轴附近实现了图像相加。

【实验仪器】

光学图像相减仪（氦氖激光器、扩束镜、准直镜、AB 孔、傅立叶透镜、正弦光栅、干板架、光屏等）。

【实验内容】

1. 布置 4*f* 系统实验光路

按图布置好 4*f* 系统光路，并调整入射的相干光为准直光，然后将物图形、正弦光栅和光屏分别置于输入面 P_1、频谱面 P_2 和输出面 P_3 上。

2. 光栅滤波

将已制作好的正弦光栅 *G* 按其栅线竖向置于傅立叶变换透镜 L_1 的后焦面上，并使其沿水平横向可微动（用一维平移台来实现），在光屏 P_3 上观察其对图形 A 的+1 级衍射像 A_{+1} 和对图形 B 的−1 级衍射像 B_{-1}，使 A_{+1} 和 B_{-1} 的中心重合于光轴上。若 A_{+1} 和 B_{-1} 的中心重合不好，可稍微调节图形 A、B 的相对位置。

令光栅沿水平横向微动时，便可在输出面 P_3 上观察到 A_{+1} 和 B_{-1} 的重合处周期地交替出现图形 A、B 相加和相减的效果。相加时，重合处特别亮；相减时，重合处变得全黑。可用干板记录下图形相加和相减的实验结果。

【注意事项】

① 实验中如果出现无论怎样调整光栅位置，A_{+1} 和 B_{-1} 的重合处始终无法得到全黑，这可能由下列原因引起：

第一，用于照明图形 A 和 B 的光场不均匀，应重新调整照明光束。

第二，实验数据 f_0 和 b 估算不准，致使 A_{+1} 和 B_{-1} 的中心未能完全重合，应重新核算 f_0 和 b 的值。

第三，4*f* 系统光路不共轴或透镜焦距不准确，应重新调整光路。应从 L_2 开始，在激光束未扩束前依次调整透镜 L_1 和 L_2，使其中心的位置与激光束中心重合，办法是分别观察透镜两表面反射的系列光点是否位于同一条直线上。

② 在观察周期地交替出现图像相加和相减的效果时，光栅相对于光轴的初位相每次只需改变 $\frac{\pi}{2}$，相应地光栅移动 $\frac{1}{4}$ 周期或 $\frac{1}{4f_0}$，亦即光栅每次所需要的移动量是很小的。因此移动光栅时要小心缓慢地操作。实验时也可使放置光栅的微动平台的微动向倾斜于光轴的方向，以减缓其变化量。

【数据处理】

① 画出本实验中 4*f* 光路并标示出各器件的位置。

② 求出傅立叶透镜的焦距。

③ 画出实验中观察到的光学图像相加、相减的图样。

【思考题】

① 准直过程中哪一步可以大大提高光线的准直程度？

② 水平方向和竖直方向上的调整以哪个为先较好，为什么？

③ 正弦光栅是否可以水平放置？为什么？

【附录】图像处理中的基本运算及应用

1. 图像相加及应用

图像相加是两幅图像对应像素的灰度值或彩色分量进行相加。主要有两种用途，一是消除图像的随机噪声，将同一场景的图像进行相加后再取平均；二是用来做特效，把多幅图像叠加在一起，再进一步进行处理。一般而言，两幅或多幅相加的图像的大小和尺寸应该相同。

2. 图像相减及应用

图像相减是两幅图像对应像素的灰度值或彩色分量进行相减。它的主要意义是增强图像间的差别，在医学造影方面有着非常重要的作用，比如数字减影血管造影：先拍摄一张血管造影做模板，再注射介质拍摄活体图像，两者相减后就得到了血管结构的造影。再通过增强对比度的方式，就能获得非常清晰、不受其他组织影响的血管造影。

3. 图像相乘及应用

图像相乘是将两幅图像对应像素的灰度值或彩色分量进行相乘。图像相乘运算的主要作用是抑制图像的某些区域，有时也被用来实现卷积或相关的运算。

4. 图像相除及应用

图像相除就是两幅图像对应像素的灰度值或彩色分量进行相除。简单的除运算可以用于改变图像的灰度级或校正成像设备的非线性影响。

第 4 章　传感器实验

实验 4.1　热释电传感实验

热释电传感器主要是由一种高热电系数的材料，如锆钛酸铅系陶瓷、钽酸锂、硫酸三甘肽等制成尺寸为 2 mm×1 mm 的探测元件。在每个探测器内装入一个或两个探测元件，并将两个探测元件以反极性串联，以抑制由于自身温度升高而产生的干扰。由探测元件将探测并接收到的红外辐射转变成微弱的电压信号，经装在探头内的场效应管放大后向外输出。为了提高探测器的探测灵敏度以增大探测距离，一般在探测器的前方装设一个菲涅尔透镜，该透镜用透明塑料制成，将透镜的上、下两部分各分成若干等份，制成一种具有特殊光学系统的透镜，它和放大电路相配合，可将信号放大 70 dB 以上，这样就可以测出 20 m 范围内人的行动。

菲涅尔透镜利用透镜的特殊光学原理，在探测器前方产生一个交替变化的“盲区”和“高灵敏区”，以提高它的探测接收灵敏度。当有人从透镜前走过时，人体发出的红外线就不断地交替从“盲区”进入“高灵敏区”，这样就使接收到的红外信号以忽强忽弱的脉冲形式输入，从而强其能量幅度。

人体辐射的红外线中心波长为 9 ~10 μm，而探测元件的波长灵敏度在 0.2 ~20 μm 范围内几乎稳定不变。在传感器顶端开设了一个装有滤光镜片的窗口，这个滤光片可通过光的波长范围为 7 ~10 μm，正好适合于人体红外辐射的探测，而对其他波长的红外线由滤光片予以吸收，这样便形成了一种专门用作探测人体辐射的红外线传感器。

【实验目的】

① 了解热释电传感器的工作原理及其特性。

② 了解并掌握热释电传感器信号处理方法及其应用。

③ 了解并掌握超低频前置放大器的设计。

【实验原理】

1. 热释电探测器简介

热释电探测器是一种利用某些晶体材料自发极化强度随温度变化所产生的热释电效

应制成的新型热探测器。当晶体受辐射照射时，由于温度的改变使自发极化强度发生变化，结果在垂直于自发极化方向的晶体两个外表面之间出现感应电荷，利用感应电荷的变化可测量光辐射的能量。因为热释电探测器的电信号正比于探测器温度随时间的变化率，不像其他热探测器需要有个热平衡过程，所以其响应速度比其他热探测器快得多，一般热探测器典型时间常数值在 0.01～1 s 范围，而热释电探测器的有效时间常数低达 $3\times10^{-5}\sim10^{-4}$ s。虽然目前热释电探测器在比探测率和响应速度方面还不及光子探测器，但由于它还有光谱响应范围宽，较大的频响带宽，在室温下工作无需致冲，可以有大面积均匀的光敏面，不需要偏压，使用方便等优点，得到日益广泛的应用。

2. 热释电效应

某些物质(例如硫酸三甘肽、铌酸锂、铌酸锶钡等晶体)吸收光辐射后将其转换成热能，这个热能使晶体的温度升高，温度的变化又改变了晶体内晶格的间距，这就引起在居里温度以下存在的自发极化强度的变化，从而在晶体的特定方向上引起表面电荷的变化，这就是热释电效应。

在 32 种晶类中，有 20 种是压电晶类，它们都是非中心对称的，其中有 10 种具有自发极化特性，这些晶类称为极性晶类。对于极性晶体，即使外加电场和应力为零，晶体内正、负电荷中心并不重合，因而具有一定的电矩，也就是说晶体本身具有自发极化特性，所以单位体积的总电矩可能不等于零。这是因为参与晶格热运动的某些离子可同时偏离平衡态，这时晶体中的电场将不等于零，晶体就成了极性晶体。于是在与自发极化强度垂直的两个晶面上就会出现大小相等、符号相反的面束缚电荷。极性晶体的自发极化通常是观察不出来的，因为在平衡条件下它被通过晶体内部和外部传至晶体表面的自由电荷所补偿。极化的大小及由此而引起的补偿电荷的多少是与温度有关的。如果强度变化的光辐射入射到晶体上，晶体温度便随之发生变化，晶体中离子间的距离和链角跟着发生相应的变化，于是自发极化强度也随之发生变化，最后导致面束缚电荷跟着变化，于是晶体表面上就出现能测量出的电荷。

3. 热释电探测器工作原理

当已极化的热电晶体薄片受到辐射热的时候，薄片温度升高，极化强度下降，表面电荷减少，相当于“释放”一部分电荷，故名热释电。释放的电荷通过一系列的放大，转化成输出电压。如果继续照射，晶体薄片的温度升高到 T_C(居里温度)值时，自发极化突然消失，不再释放电荷，输出信号为零，见图 4.1.1。

因此，热释电探测器只能探测交流的斩波式的辐射(红外光辐射要有变化量)。当面积为 A 的热释电晶体受到调制加热，而使其温度 T 发生微小变化时，就有热释电电流 i。

$$i=AP\frac{\mathrm{d}T}{\mathrm{d}t} \tag{4.1.1}$$

式中，A 为面积，P 为热电体材料热释电系数，$\frac{\mathrm{d}T}{\mathrm{d}t}$是温度的变化率。

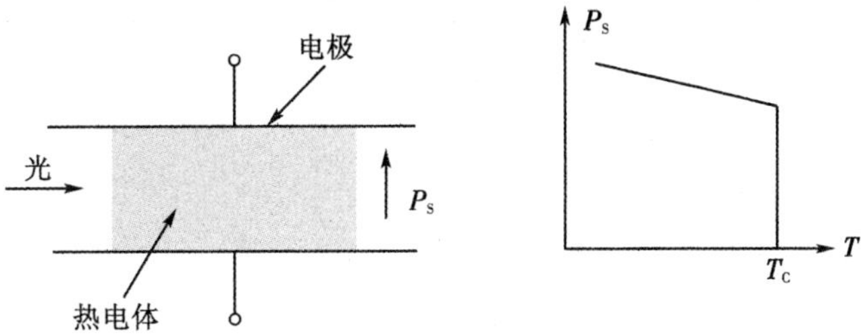

图 4.1.1 热释电探测器工作原理

【实验装置】

① 热释电传感器实验仪一台。

② 红外热释电报警器一个。

③ 红外热释电探头一个。

④ 支架一套。

⑤ 连接导线若干。

⑥ 电源线 1 根。

【实验内容】

① 热释电传感器系统安装调试实验。

② 热释电传感器信号处理实验：

超低频放大电路实验；

窗口比较电路实验；

延时开关量输出实验；

延时时间控制实验。

③ 热释电传感器响应距离特性实验。

④ 成品热释电报警器安装调试实验。

【实验步骤】

1. 热释电传感器系统安装调试实验

① 安装支架，将红外热释电探头固定在支架上，探头接口用导线按颜色相应地连到实验模板热释电红外探头的输入端口(红色插孔接 D；绿色接 S；黑色接 E)上，将实验模板上的“S”和“O1”、“I1”和“O1”、“I2”和“O2”用导线对应连接，再将实验箱上边部分的探测器信号输入端(SIN+和 SIN-)用导线短接。

② 打开实验箱电源，手在红外热释电探头端面晃动时，探头有微弱的电压变化信号输出，可用万用表测量，经两极电压放大后，可以检测出较大的电压变化，再经电压比较

器构成的开关电路和延时电路(延时时间可以通过电位器调节)，使指示灯点亮。观察这个现象过程。

③ 关闭电源。

2. 热释电传感器信号处理实验

(1)超低频放大电路实验

① 安装支架，将红外热释电探头固定在支架上，探头接口用导线按颜色相应地连到实验模板热释电红外探头的输入端口(红色插孔接 D；绿色接 S；黑色接 E)上，将实验模板上的“S”和“O1”用导线对应连接，再将实验箱上边部分的探测器信号输入端(SIN+和 SIN-)用导线短接。

② 打开实验箱电源，需要延时几分钟模块才能正常工作。手在红外热释电探头端面晃动时，探头有微弱的电压变化信号输出，用万用表测量其值。关闭电源。

③“I1”和“O1”对应连接，手在红外热释电探头端面晃动时，用万用表测量“O2”处电压值。关闭电源。

(2)窗口比较电路实验

①“I2”和“O2”对应连接，打开电源，需要延时几分钟模块才能正常工作。测量比较器比较基准电压，手在红外热释电探头端面晃动时，测量热释电信号比较电压，观察开关输出信号。

② 关闭电源。

(3)延时开关量输出实验

① 打开电源，需要延时几分钟模块才能正常工作。手在红外热释电探头端面晃动时，观察开关输出信号和延时后发光二极管指示状态并分析。

② 关闭电源。

(4)延时时间控制实验

① 打开电源，需要延时几分钟模块才能正常工作。手在红外热释电探头端面晃动时，观察发光二极管指示状态。

② 调节延时时间，观察发光二极管指示状态。

③ 分析延时的好处。

3. 热释电传感器响应距离特性实验

① 安装支架，将红外热释电探头固定在支架上，探头接口用导线按颜色相应地连到实验模板热释电红外探头的输入端口(红色插孔接 D；绿色接 S；黑色接 E)上，将实验模板上的“S”和“O1”用导线对应连接，再将实验箱上边部分的探测器信号输入端(SIN+和 SIN-)用导线短接。

② 打开实验箱电源，需要延时几分钟模块才能正常工作。手在红外热释电探头端面晃动时，观察指示状态。

③ 为红外热释电探头加上菲涅尔透镜，改变焦距，观察感应距离的改变。

④ 分析菲涅尔透镜作用及工作原理。

⑤ 关闭电源。

4. 成品热释电报警器安装调试实验

① 红外热释报警器成品有四个接线：将探头输出线按颜色相应地连接到实验模板的“+12 V”和“GND”与探测器信号输入端口上。红外热释报警器固定在合适位置。

② 打开实验箱电源，需延时几分钟才能正常工作。当人体或动物移动后，蜂鸣器报警。逐点移远人与传感器的距离，估计观察能检测到的红外物体的探测距离

③ 关闭电源，报警器放回指定位置。

5. 实验测试点说明

①“S”为热释电探测器输出信号。

②“I1”为超低频放大电路输入端，“O2”为超低频放大电路输出端。

③“I2”为窗口比较器输入端，“O3”为延时输出端。

④ 探测器信号接入的四个测试孔为外热释电报警器的接入口，按测试孔的颜色接入。

⑤ SIN+和 SIN-分别为报警器成品的信号输入端，“+12 V”和“GND”为成品报警器的电压输入。

【思考题】

在通常情况下，热释电红外传感器都会配合菲涅尔透镜使用，请想一下菲涅尔透镜的作用是什么？

【注意事项】

① 不得随意摇动和插拔面板上元器件和芯片，以免损坏，造成实验仪不能正常工作。

② 实验完成后相关器件放回指定存放位置。

③ 在使用过程中，出现任何异常情况，必须立即关机断电以确保安全。

实验 4.2　光纤位移传感实验

光纤传感器是伴随着光纤及光纤通信技术的发展而逐步形成的一种新型传感器。光纤传感器耐腐蚀、对介质的影响小、具有很强的抗电磁干扰能力，与传统的各类传感器相比，光纤传感器用光作为敏感信息的载体，用光纤作为传递敏感信息的媒质，具有光纤及光学测量的特点，这一新技术近年来在我国诸多领域得到了广泛的应用。光纤传感器大致可以分为功能型和传光型两类。功能型是利用光纤本身的某种敏感特性或功能制

成；传光型是光纤仅仅起传输光的作用，它在光纤端面或中间加装其他敏感元件感受被测量的变化。

【实验目的】

① 了解光纤传输的基本原理。

② 了解反射式光纤传感器的一般原理。

③ 学习用光纤传感器进行相关物理量的测量。

【实验原理】

本实验采用的传光型光纤，它由两束光纤混合后组成，两光束混合后的端部是工作端亦称探头，它与被测体相距一定的间距 X，由光源发出的光传到端部出射后经被测体反射回来，由另一束光纤接收光信号再经光电转换器转换成电信号，而电信号的大小与间距 X 有关，因此可用于测量位移。

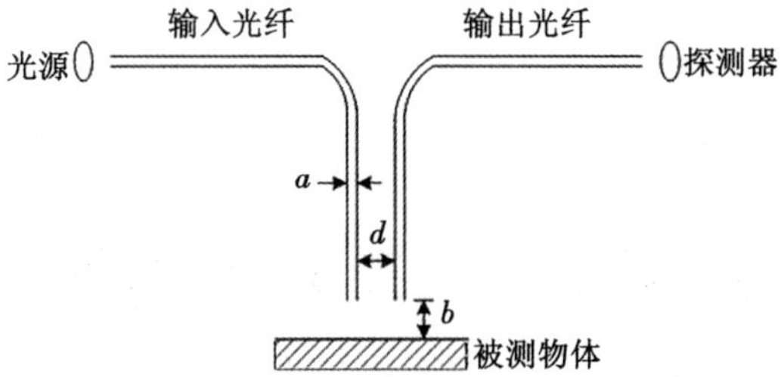

图 4.2.1　光纤位移传感器装置

图 4.2.1 是光纤位移测量装置，光从光源耦合到输入光纤射向被测物体，再被反射回另一光纤，由探测器接收。设两根光纤的距离为 d，每根光纤的直径为 $2a$，数值孔径为 N，如图所示，这时

$$\tan\theta=\frac{d}{2b} \tag{4.2.1}$$

由于 $\theta=\arcsin N$，所以式(4.2.1)可以写为

$$b=\frac{d}{2\tan(\arcsin N)} \tag{4.2.2}$$

很显然，当 $b<[d/2\tan(\arcsin N)]$时，即接收光纤位于光纤像的光锥之外。两光纤的耦合为零，无反射进入接收光纤；当 $b\geqslant[d/2\tan(\arcsin N)]$时，即接收光纤位于光锥之内，两光纤耦合最强，接收光纤达到最大值。d 的最大检测范围为 $a/\tan(\arcsin N)$。

如果要定量计算光耦合系数，就必须计算出输入光纤像的发光锥体与接收光纤端面的交叠面积，如图 4.2.2 所示，由于接收光纤芯径很小，常常把光锥边缘与接收光纤芯交界弧线看成直线。通过对交叠面简单的几何分析，不难得到交叠面积与光纤端面积之比。即

$$\alpha=\frac{1}{\pi}\left[\arccos\left(1-\frac{\delta}{\alpha}\right)-\left(1-\frac{\delta}{\alpha}\right)\sin\left(1-\frac{\delta}{\alpha}\right)\right] \tag{4.2.3}$$

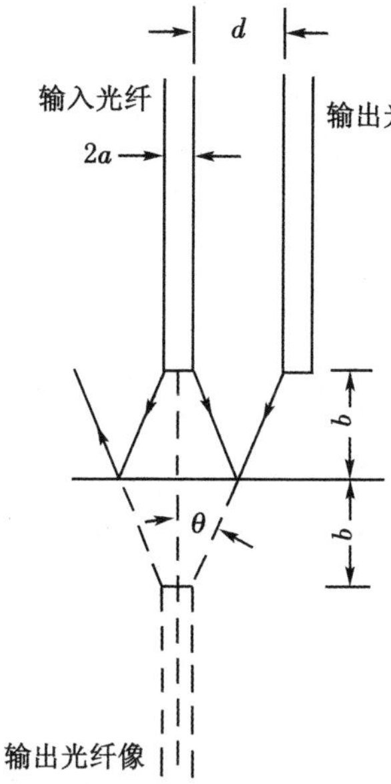

图 4.2.2　位移测量原理

【实验仪器】

光纤位移传感器实验仪 1 台；反射式光纤 1 根；2#迭插头对若干；电源线 1 根。

【实验内容】

1. 光纤位移光学系统组装调试实验

① 根据图 4.2.3 所示安装光纤位移装置。反射式光纤传感器通过自带螺母固定在光纤支架(左边支架)上，端面朝右。二束光纤分别插入实验仪左侧发射、接收端。注意：反射式光纤为二束，其中一束由单根光纤组成，实验时对应插入发射孔；另一束由 16 根光纤组成，实验时对应插入接收孔。发射和接收孔内部已和发光二极管及光电探测器相接。

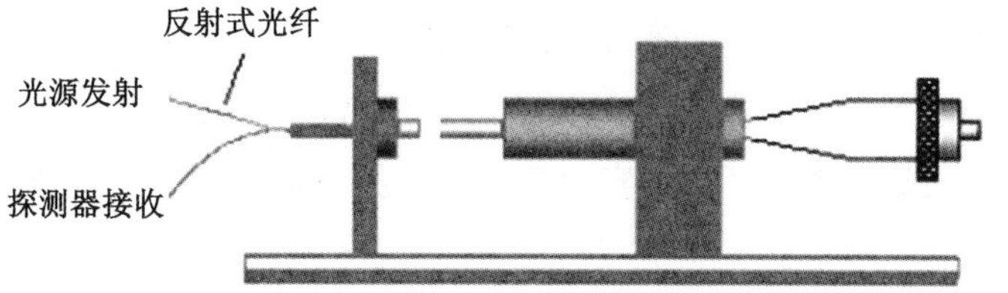

图 4.2.3　光纤位移传感装置

② 螺旋测微丝杆插入右边支架，调节测微丝杆，使测微丝杆顶端光滑反射面与反射式光纤端面接触并同轴心。最后用固定螺钉将螺旋测微丝杆固定在支架上。

③ 将发射和接收部分的测试孔用导线按颜色对应接入电路上发射、接收端测试孔；探测器输出信号处理电路不接调零电路，即绿色测试孔和其下方黑色测试孔(系统地)用导线连接。输出端“Uo”及其下方测试孔(系统地)按照颜色对应接入电压表输入端“+”“-”，电压表选择2 V挡。

④ 打开电源开关，调节测微丝杆使反射面离开光纤传感器，观察电压表显示变化，系统组装完成。

⑤ 关闭电源。如果继续进行下面的实验，光纤位移装置和连线可不拆除。

2. 发光二极管驱动及探测器接收实验

① 安装光纤位移实验装置以及连线参照实验1的步骤①、②和③。

② 打开电源开关，取出发射端光纤，观察发光二极管发光，发光二极管发出的光很耀眼，不要用眼直视。慢慢插入发射端光纤至底，插入过程中观察电压表变化，并分析变化原因。

③ 电压表选择20 V挡，电路输出端“Uo”连线拔掉，对应接入发射测试孔两端(红接蓝、黑接黑)，电压表显示值即为发光二极管工作电压。根据实验仪面板上发光二极管驱动电路图示分析驱动原理。

④ 电压表选择200 mV挡，电路输出端“Uo”的下方测试孔(系统地)与电压表输入“-”端用导线连接，电压表“+”端用导线与接收端黑色测试孔连接，调节螺旋测微头，观察电压表显示变化。根据实验仪面板上探测器接收电路图示分析探测器工作原理。

⑤ 关闭电源。拆除所有连线，如果继续进行下面的实验，可不拆除光纤位移装置。

3. 光纤位移传感器输出信号处理实验

① 安装光纤位移实验装置以及连线参照实验1的步骤①和②。

② 将发射和接收部分的测试孔用导线按颜色对应接入电路上发射、接收端测试孔；探测器输出信号处理电路不接调零电路，即绿色测试孔和其下方黑色测试孔(系统地)用导线连接。输出端“Uo”及其下方测试孔(系统地)按照颜色对应接入电压表输入端“+”“-”，电压表选择2 V挡。

③ 将发射和接收部分用导线按颜色对应接入电路，探测器输出信号处理电路不接调零电路，输出端“Uo”接入电压表输入端补偿调零按颜色对应接入电路。

④ 打开电源开关，调节螺旋测微丝杆使反射面离开反射式光纤传感器；调节增益调节旋钮，观察电压表显示变化。根据实验仪面板上探测器接收放大电路图示分析放大电路工作原理。

⑤ 关闭电源。拆除所有连线，如果继续进行下面的实验，可不拆除光纤位移装置。

4. 光纤位移传感器输出信号误差补偿实验

① 安装光纤位移实验装置参照实验1的步骤①和②。

② 将发射和接收部分的测试孔用导线按颜色对应接入电路上发射、接收端测试孔；探测器输出信号处理电路不接调零电路，即绿色测试孔和其下方黑色测试孔(系统地)用导线连接。输出端“Uo”及其下方测试孔(系统地)按照颜色对应接入电压表输入端“+”“-”，电压表选择 2 V 挡。

③ 调节测微丝杆，使测微丝杆顶端光滑反射面与反射式光纤端面接触。

④ 打开电源开关观察电压表显示值，并分析原因。

⑤ 关闭电源，增加补偿调零电路。绿色测试孔与黑色测试孔的连线拆除，补偿调零调节旋钮的测试孔按照颜色对应接入电路中测试孔(黄接黄、绿接绿、蓝接蓝)。

⑥ 打开电源，调节补偿调零旋钮，将电压表显示值调节为 0。分析补偿调零电路原理及其好处。

⑦ 关闭电源。如果继续进行下面的实验，可不拆除光纤位移装置及连线。

5. 光纤位移传感器测距原理实验

① 安装光纤位移实验装置以及连线参照实验 1 的步骤①、②和③。

② 调节螺旋测微丝杆，使测微丝杆顶端光滑反射面与反射式光纤端面接触。

③ 打开电源开关，调节调零电位器使电压表显示为零。调节螺旋测微丝杆使反射面离开反射式光纤传感器，观察电压表显示值变化趋势，分析光纤位移传感器测距原理。

④ 关闭电源。如果继续进行下面的实验，可不拆除光纤位移装置及连线。

6. 光强随位移变化的函数关系和实验误差分析实验

① 安装光纤位移实验装置以及连线参照实验 1 的步骤①、②和③。

② 调节螺旋测微丝杆，使测微丝杆顶端光滑反射面与反射式光纤端面接触，同时测微丝杆的刻度线面对观察者，且读数为 0.5 的整数倍开始起调，以利于读数。

③ 打开电源开关，调节调零电位器使电压表显示为零。调节测微丝杆使反射面离开反射式光纤传感器，观察电压表数值变化，如果最大时读数超过 2 V 挡量程，可逆时针调节增益调节旋钮，使最大值在 2 V 挡量程之内。每隔 0.1 mm 读出电压表数值。

④ 根据记录，作光纤位移传感器的位移特性曲线，计算在量程 1 mm 时灵敏度和非线性误差。

⑤ 根据曲线，分析反射式光纤位移传感器的应用范围。

【注意事项】

① 不得随意摇动和插拔面板上元器件和芯片，以免损坏，造成实验仪不能正常工作。

② 光纤传感器弯曲半径不得小于 3 cm，以免折断。

③ 旋动螺旋测微丝杆尾帽，使其产生位移，出现咔咔声表示不能继续前进。

④ 在使用过程中，出现任何异常情况，必须立即关机断电以确保安全。

⑤ 实验前确保螺旋测微丝杆端部光洁，可用酒精清洗，实验过程中请勿用手及任何

东西接触端部，以免端部脏污影响实验精度。

⑥ 实验要在环境光稳定的情况下进行，否则会影响实验精度，最好在避光环境下实验。

【数据处理】

① 光强随位移变化实验数据。

X/mm	0.1	0.2	0.3	0.4	0.5	0.6	0.7	0.8	0.9	1.0
U/V										
X/mm	1.1	1.2	1.3	1.4	1.5	1.6	1.7	1.8	1.9	2.0
U/V										

② 作光纤位移传感器的位移特性曲线。

③ 计算在量程 1 mm 时灵敏度和非线性误差。

【思考题】

① 根据特性曲线，试想一下光纤位移传感可做哪些测量?

② 室内光线对测试数据有什么影响? 如何解决?

③ 放大器的稳定放大倍数和低噪声对信号有何影响? 如何设计?

④ 两束光纤有什么不同? 这样设计有什么好处?

⑤ 如果不接入补偿调零电路，如何才能使测量结果更精确?

实验 4.3 硅光电池综合实验

近些年来，随着人均能源消耗量的提升和世界人口数量的增长，世界能源的总需求急剧上升。煤、石油、天然气等传统能源的过度开采和利用已经面临储量有限、环境污染等严重问题，于是清洁可再生能源的开发和利用逐渐被人们所重视起来。太阳能作为一种取之不尽、用之不竭清洁的可再生能源，是绝大多数传统能源的源头。太阳能清洁利用方式多种多样，如光热、光伏、光化学等，其中光伏发电被认为是最有前景的太阳能利用方式之一。

硅光电池是一种能将光能直接转换成电能的半导体光电器件。按光电池的用途可分为两大类：太阳能光电池和测量光电池。太阳能光电池主要用作电源，对它的要求是效率高、成本低。由于它具有结构简单、体积小、质量轻、可靠性高、寿命长、在空间能直接利用太阳能转换成电能的特点，因而它不仅成为航天工业上的重要电源，还被广泛地应用于供电困难的场所和人们的日常生活中。测量光电池的主要功能是作光电检测用，即可在不加偏置电压的情况下将光信号转换成电信号，对它的要求是线性范围宽、灵敏

度高、光谱响应合适、稳定性好和寿命长，因而它被广泛应用在光度、色度、光学精密计量和测试中。

GCSIDC-B 型硅光电池综合实验仪从了解和熟悉硅光电池的角度出发，讨论关于硅光电池的主要技术问题，主要研究硅光电池的基本特性，如短路电流、光电特性、光谱特性、伏安特性及频率特性等，以及硅光电池的简单应用。

【实验目的】

① 了解硅光电池的工作原理和应用领域。

② 掌握硅光电池基本特性的测试方法，如伏安特性、负载特性等。

③ 理解硅光电池基本特性所反映的物理意义和本质。

【实验原理】

1. PN 结原理

目前半导体光电探测器在数码摄像、光通信、太阳电池等领域得到广泛应用，硅光电池是半导体光电探测器的一个基本单元，深刻理解硅光电池的工作原理和具体使用特性，可以进一步领会半导体 PN 结原理、光电效应理论和光伏电池产生机理。

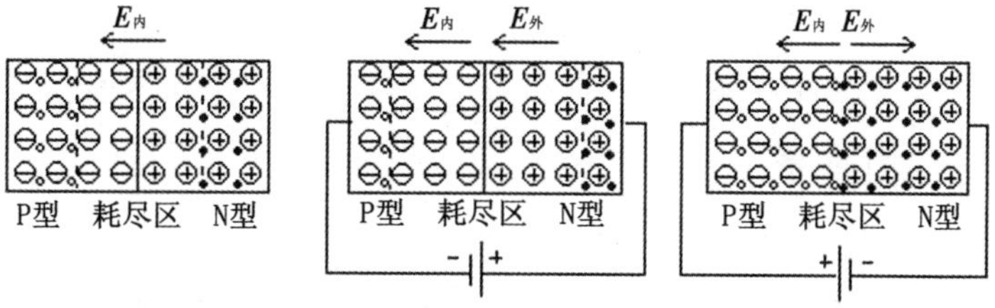

图 4.3.1　半导体 PN 结在零偏、反偏、正偏下的耗尽区

图 4.3.1 所示是半导体 PN 结在零偏、反偏、正偏下的耗尽区，当 P 型和 N 型半导体材料结合时，由于 P 型材料空穴多电子少，而 N 型材料电子多空穴少，结果 P 型材料中的空穴向 N 型材料这边扩散，N 型材料中的电子向 P 型材料这边扩散，扩散的结果使得结合区两侧的 P 型区出现负电荷，N 型区带正电荷，形成一个势垒，由此而产生的内电场将阻止扩散运动的继续进行，当两者达到平衡时，在 PN 结两侧形成一个耗尽区，耗尽区的特点是无自由载流子，呈现高阻抗。当 PN 结反偏时，外加电场与内电场方向一致，耗尽区在外电场作用下变宽，使势垒加强；当 PN 结正偏时，外加电场与内电场方向相反，耗尽区在外电场作用下变窄，势垒削弱，使载流子扩散运动继续形成电流，此即为 PN 结的单向导电性，电流方向是从 P 指向 N。

2. 硅光电池的工作原理

硅光电池是一个大面积的光电二极管，它被设计用于把入射到它表面的光能转化为电能，因此，可用作光电探测器和光电池，被广泛用于太空和野外便携式仪器等的能源。

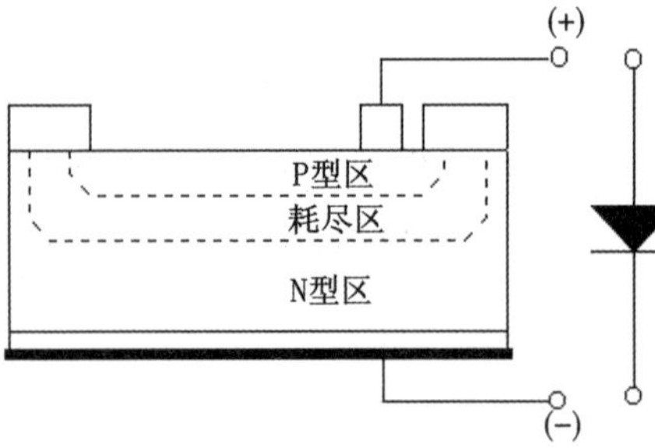

图 4.3.2　光电池结构示意图

光电池的基本结构如图 4.3.2 所示，当半导体 PN 结处于零偏或反偏时，在它们的结合面耗尽区存在一内电场，当有光照时，入射光子将把处于介带中的束缚电子激发到导带，激发出的电子空穴对在内电场作用下分别漂移到 N 型区和 P 型区，当在 PN 结两端加负载时就有一光生电流流过负载。流过 PN 结两端的电流可由式(4.3.1)确定：

$$I=I_s\left(e^{\frac{eV}{kT}}-1\right)+I_p \tag{4.3.1}$$

式中，I_s为反向饱和电流，V为 PN 结两端电压，T为绝对温度，I_p为产生的光电流。从式中可以看到，当光电池处于零偏时，$V=0$，流过 PN 结的电流 $I=I_p$；当光电池处于反偏时(在本实验中取 $V=-5$V)，流过 PN 结的电流 $I=I_p-I_s$，因此，当光电池用作光电转换器时，光电池必须处于零偏或反偏状态。光电池处于零偏或反偏状态时，产生的光电流 I_p 与输入光功率 P_i有以下关系：

$$I_p=RP_i \tag{4.3.2}$$

式中，R 为响应率，R 值随入射光波长的不同而变化，对不同材料制作的光电池，R 值分别在短波长和长波长处存在一截止波长，在长波长处要求入射光子的能量大于材料的能级间隙 E_g，以保证处于介带中的束缚电子得到足够的能量被激发到导带，硅光电池长波截止波长为 $\lambda_c=1.1\ \mu m$，在短波长处也由于材料有较大吸收系数使 R 值很小。

【实验仪器】

本实验中所用仪器配置如下：硅光电池综合实验仪，光通路组件，光照度计，示波器等。

1. 硅光电池综合实验仪结构功能说明

① 电压表：独立电压表，可切换三挡：200 mV，2 V，20 V。通过拨段开关进行调节，白色所指示的位置即为所对应的挡位。“+”“−”分别对应电压表的“正”“负”输入极。

② 电流表：独立电流表，可切换三挡，200 μA，2 mA，20 mA。通过拨段开关进行调节，白色所指示的位置即为所对应的挡位。“+”“−”分别对应电流表的“正”“负”输入

极。

③ 固定电阻值：$R_{L1}=200\ \Omega$，$R_{L2}=510\ \Omega$，$R_{L3}=1\ k\Omega$，$R_{L4}=2\ k\Omega$，$R_{L5}=10\ k\Omega$，$R_{L6}=20\ M\Omega$。

④ 可调电阻值：$R_{P1}=0\sim10\ k\Omega$，$R_{P2}=0\sim100\ k\Omega$。

⑤ 直流电源：0~12V 可调，“0~12V”为直流电源的正极，另一端为负极。

⑥ 静态特性测试：即非脉冲光辐射到光器件上的特性。连线：静态输出(T12)与COM(T13)相连(以下简称“T12-T13”)，光照为白光时，T14-T1；红光 T14-T2；橙光 T14-T3；黄光 T14-T4；绿光 T14-T5；蓝光 T14-T6；紫光 T14-T7。

2. 光通路组件功能说明(见图 4.3.3)

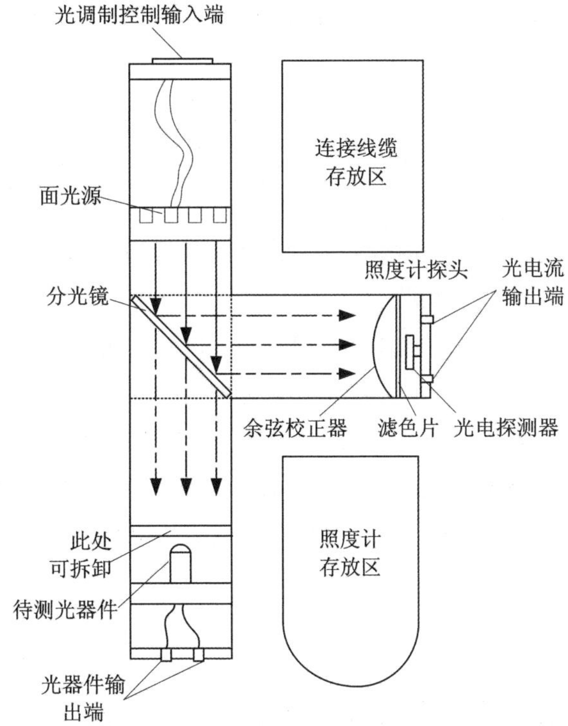

图 4.3.3　硅光电池综合实验仪光通路组件

分光镜：50%透过 50%反射镜，将平行光一半给照度计探头，一半给待测光器件，照度计可实时检测出待测器件所接收的光照度。光器件输出端：红色为光电二极管“P”极，黑色为光电二极管“N”极。

【实验内容】

1. 硅光电池短路电路测试实验

① 如图 4.3.4 所示连接电路，导线连接 T12-T13，T14-T1，“光照度调节”调到最

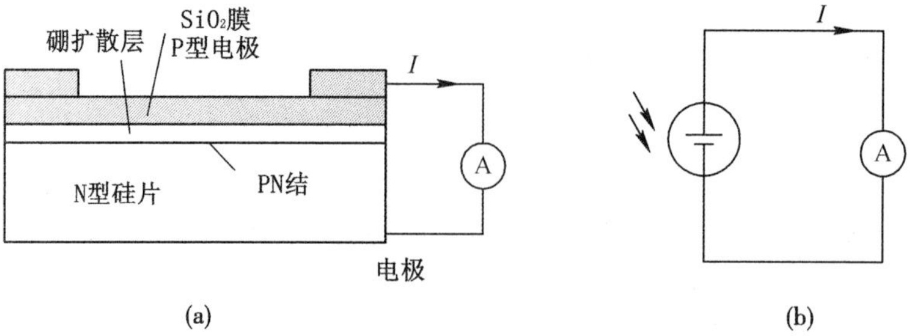

图 4.3.4　硅光电池短路电流测试

小，连接好光照度计，直流电源调至最小。将硅光电池的 P、N 极分别与电流表的“+”“-”极相连。电流表挡位调节至 200 μA 挡，将“光照度调节”旋钮逆时针调节至最小值位置。

② 打开电源开关，顺时针调节该旋钮，增大光照度值，分别记下不同照度下对应的光生电流值。若电流表或照度计显示为“1_”时说明超出量程，应改为合适的量程再测试。

③ 将“光照度调节”旋钮逆时针调节到最小值位置后关闭电源，拆除所有连线。

2. 硅光电池开路电压测试实验

① 如图 4.3.5 所示，导线连接 T12-T13，T14-T1，“光照度调节”旋钮调到最小，连接好光照度计，直流电源调至最小。将硅光电池的 P、N 极分别与电压表的“+”“-”极相连。电压表挡位调节至 2 V 挡，将“光照度调节”旋钮逆时针调节至最小值位置。

② 打开电源开关，顺时针调节该旋钮，增大光照度值，分别记下不同照度下对应的光生电压值。若电流表或照度计显示为“1_”时说明超出量程，应改为合适的量程再测试。

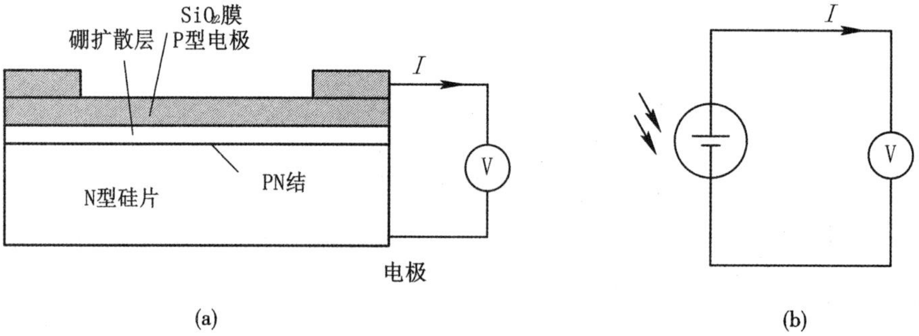

图 4.3.5　硅光电池开路电压测试

③ 将“光照度调节”旋钮逆时针调节到最小值位置后关闭电源，拆除所有连线。

3. 硅光电池光电特性测试实验

光电池在不同光照度下，其光电流和光生电压是不同的，它们之间的关系就是光照特性。整理实验内容 1 和 2，输出如图 4. 3. 6 所示，即为硅光电池光生电流和光生电压与光照度的特性曲线。

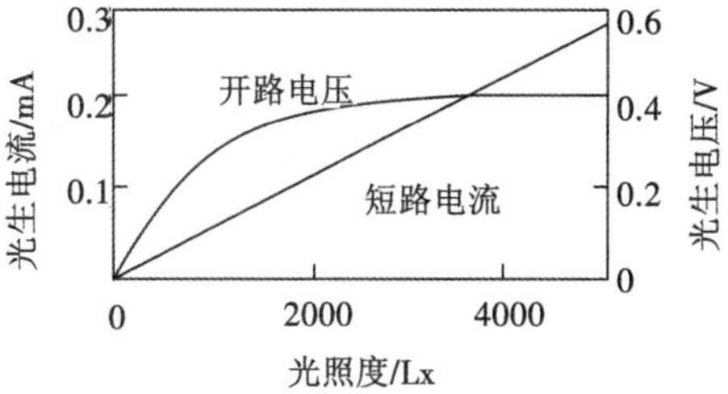

图 4. 3. 6 硅光电池的光照电流-电压特性

4. 硅光电池伏安特性测试实验

在硅光电池输入光强度不变时，测量当负载在一定的范围内变化时，光电池的输出电压及电流随负载电阻变化关系曲线，称为硅光电池的伏安特性。其特性曲线如图 4. 3. 7 所示。

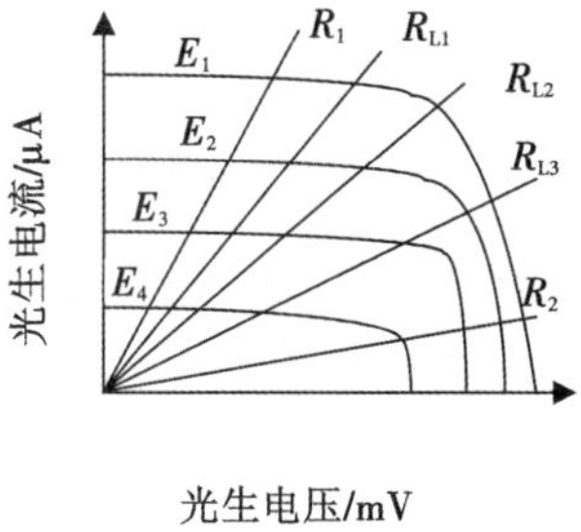

图 4. 3. 7 硅光电池伏安特性

① 如图 4. 3. 8 所示，导线连接 T12-T13，T14-T1，“光照度调节”旋钮调到最小，连接好光照度计，直流电源调至最小。

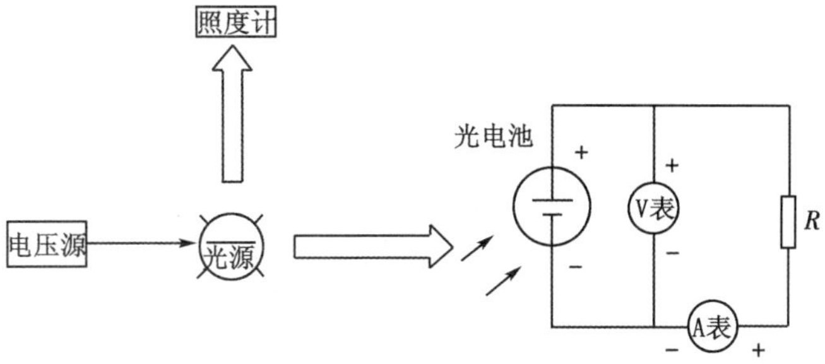

图 4. 3. 8 硅光电池伏安特性测试

② 电压表挡位调节至 2 V 挡，电流表挡位调至 200 μA 挡，将“光照度调节”旋钮逆时针调节至最小值位置。打开电源开关，顺时针调节该旋钮，增大光照度值至 100 lx。负载分别选择 $R_{L1}=200\ \Omega$，$R_{L2}=510\ \Omega$、$R_{L3}=1\ k\Omega$、$R_{L4}=2\ k\Omega$、$R_{L5}=10\ k\Omega$，记载相应电

流与电压值。

③ 作出光电池的光生电流和光生电压随负载变化的 $V\text{-}I$ 曲线。

④ 改变光照度为 200，300，400 lx，重复上述步骤，分别记录。

⑤ 比较四条曲线有什么不同，并分析原因。

⑥ 根据以上所测试的数据，作出图 4.3.7 所示的伏安特性曲线。

⑦ 实验完毕，关闭电源，拆除所有连线。

5. 硅光电池负载特性测试实验

光电池作为电池使用如图 4.3.9 所示。在内电场作用下，入射光子由于内光电效应把处于介带中的束缚电子激发到导带，而产生光伏电压，在光电池两端加一个负载就会有电流流过，当负载很小时，电流较小而电压较大；当负载很大时，电流较大而电压较小。实验时可改变负载电阻 R_L 的值来测定硅光电池的负载特性。

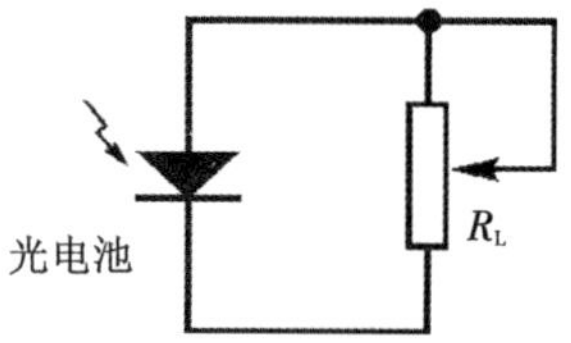

图 4.3.9　硅光电池负载特性的测定

在线性测量中，光电池通常以电流形式使用，故短路电流与光照度(光能量)呈线性关系，是光电池的重要光照特性。实际使用时都接有负载电阻 R_L，输出电流 I_L 随照度(光通量)的增加而非线性缓慢地增加，并且随负载 R_L 的增大线性范围也越来越小。因此，在要求输出的电流与光照度呈线性关系时，负载电阻在条件许可的情况下越小越好，并限制在光照范围内使用。光电池光照与负载特性曲线如图 4.3.10 所示。

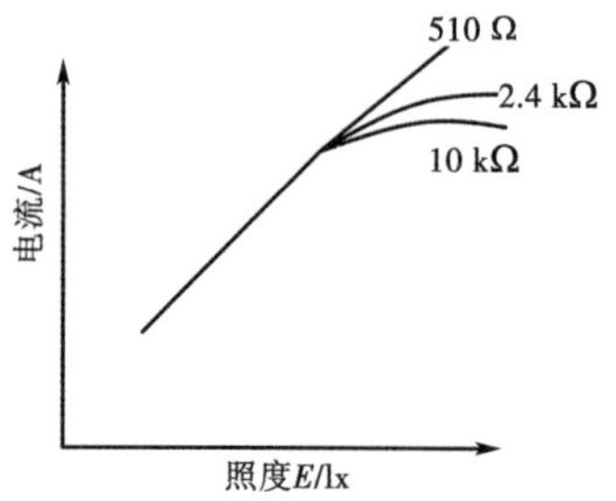

图 4.3.10　硅光电池光照与负载特性曲线

【注意事项】

① 当电压表和电流表显示为“1_”时，说明超过量程，应更换为合适量程。

② 连线之前保证电源关闭。

③ 实验过程中，请勿同时拨开两种或两种以上的光源开关，这样会造成实验所测试

的数据不准确。

【数据处理】

① 测量不同光照度下硅光电池的短路电流。

光照度/lx	0	50	100	150	200	250	300	350	400
光生电流/μA									

② 测量不同光照度下硅光电池的开路电压。

光照度/lx	0	50	100	150	200	250	300	350	400
光生电压/mV									

③ 硅光电池的光照特性曲线。

根据以上测得数据，以光照度为 x 轴，分别以光生电流和光生电压为 y 轴，绘制如图 4. 3. 6 所示硅光电池的光照特性曲线。

④ 测量硅光电池伏安特性。

测量硅光电池在不同光照度下的光生电流和光生电压随负载的变化并记录，并作出如图 4. 3. 7 所示的 U-I 伏安特性曲线。

100 lx：

负载/Ω	200 (R_{L1})	510 (R_{L2})	1000 (R_{L3})	2000 (R_{L5})	10000 (R_{L6})
电流/μA					
电压/mV					

200 lx：

负载/Ω	200 (R_{L1})	510 (R_{L2})	1000 (R_{L3})	2000 (R_{L5})	10000 (R_{L6})
电流/μA					
电压/mV					

300 lx：

负载/Ω	200 (R_{L1})	510 (R_{L2})	1000 (R_{L3})	2000 (R_{L5})	10000 (R_{L6})
电流/μA					
电压/mV					

400 lx：

负载/Ω	200 (R_{L1})	510 (R_{L2})	1000 (R_{L3})	2000 (R_{L5})	10000 (R_{L6})
电流/μA					
电压/mV					

⑤ 测量硅光电池的负载特性。

负载阻抗选定 200 Ω，顺时针调节“光照度调节”旋钮，逐渐增大光照度至 400 lx，在表中记录电流表和电压表读数。阻抗依次调整为 1，2，10 kΩ，并作出如图 4.3.10 所示的光照与负载特性曲线。

200 Ω：

光照度/lx	0	10	50	100	150	200	250	300	350	400
电流/μA										
电压/mV										

1 kΩ：

光照度/lx	0	10	50	100	150	200	250	300	350	400
电流/μA										
电压/mV										

2 kΩ：

光照度/lx	0	10	50	100	150	200	250	300	350	400
电流/μA										
电压/mV										

10 kΩ：

光照度/lx	0	10	50	100	150	200	250	300	350	400
电流/μA										
电压/mV										

【思考题】

① 硅光电池在工作时为什么要处于零偏或反偏？

② 硅光电池对入射光的波长有何要求？

③ 内光电效应与外光电效应有哪些区别？硅光电池利用的是哪种光电效应？

【附录】

1. 内光电效应

半导体材料的介带与导带间有一个带隙，其能量间隔为 E_g。一般情况下，价带中的电子不会自发地跃迁到导带，所以半导体材料的导电性远不如导体。但如果通过某种方式给介带中的电子提供能量，就可以将其激发到导带中，形成载流子，增加导电性。光照就是一种激励方式。当入射光的能量 $h\nu \geq E_g$（E_g 为带隙间隔）时，介带中的电子就会吸收光子的能量，跃迁到导带，而在介带中留下一个空穴，形成一对可以导电的电子-空穴对。这里的电子并未逸出形成光电子，但显然存在着由于光照而产生的电效应。因此，这种光电效应就是一种内光电效应。从理论和实验结果分析，要使介带中的电子跃迁到导带，也存在一个入射光的极限能量，即 $E_\lambda = h\nu_0 = E_g$，其中 ν_0 是低频限（即极限频率 $\nu_0 = E_g/h$）。这个关系也可以用长波限表示，即 $\lambda_0 = hc/E_g$。入射光的频率大于 ν_0 或波长小于 λ_0 时，才会发生电子的带间跃迁。

2. 晶体管的诞生

1945年，贝尔实验室计划针对几种新材料（包括硅和锗）进行有目标的基础研究，并成立了“半导体小组”，肖克利（W.Shockley）是组长，成员包括巴丁（J.Bardeen）和布拉顿（W.Brattain）。起初的工作是基于肖克利偏爱的金属-半导体结构，在多次尝试失败之后，巴丁认识到半导体的表面缺陷有着非常不利的影响，必须找到“钝化”表面（消除缺陷）的方法。巴丁和布拉顿在1947年12月发明了点接触式晶体管，把间距为50 μm的两个金电极压在锗半导体上，微小的电信号由一个金电极（“发射极”）进入锗半导体（“基极”），被显著放大，并通过另一个金电极（“集电极”）输出，这个器件在1kHz的增益为4.5。这种点接触式晶体管的问世，标志着现代半导体产业的诞生和信息时代的开启。一个月后，肖克利发明了三明治结构的双极性结式晶体管，最外面的两层是N型半导体，中间则是P型半导体。但是直到1950年，蒂尔（G.Teal）和斯帕克斯（M.Sparks）才制作出锗基NPN结式晶体管。从实用的角度来看，点接触式晶体管的产量非常有限，不能算是商业上的成功；结式晶体管却使得现代半导体工艺成为可能，为许多半导体公司的兴起作出了重大贡献。1956年，巴丁、布拉顿和肖克利因为晶体管的发明而获得了诺贝尔物理学奖。

3. 硅太阳能电池

硅太阳能电池分为单晶硅太阳能电池、多晶硅薄膜太阳能电池和非晶硅薄膜太阳能电池三种。单晶硅太阳能电池转换效率最高，技术也最为成熟。在实验室里最高的转换效率为25.0%，规模生产时的效率为20.5%（截至2020年）。在大规模应用和工业生产中仍占据主导地位，但由于单晶硅成本价格高，大幅度降低其成本很困难，为了节省硅材料，发展了多晶硅薄膜和非晶硅薄膜作为单晶硅太阳能电池的替代产品。多晶硅薄膜太阳能电池与单晶硅比较，成本低廉，而效率高于非晶硅薄膜电池，其实验室最高转换效率为21.9%，工业规模生产的转换效率为18.5%（截至2020年）。因此，多晶硅薄膜电池不久将会在太阳能电池市场上占据主导地位。非晶硅薄膜太阳能电池成本低重量轻，转换效率较高，便于大规模生产，有极大的潜力。但受制于其材料引发的光电效率衰退效应，稳定性不高，直接影响了它的实际应用。如果能进一步解决稳定性问题及提高转换率问题，那么，非晶硅太阳能电池无疑是太阳能电池的主要发展产品之一。

实验 4.4　电子散斑干涉实验

散斑现象普遍存在于光学成像的过程中，很早以前牛顿就解释过恒星闪烁而行星不闪烁的现象。由于激光的高度相干性，激光散斑的现象就更加明显。最初人们主要研究如何减弱散斑的影响。在研究的过程中发现散斑携带了光束和光束所通过的物体的许多信息，于是产生了许多的应用：例如用散斑的对比度测量反射表面的粗糙度，利用散斑的动态情况测量物体运动的速度，利用散斑进行光学信息处理等。

电子散斑干涉技术是以激光散斑作为被测物场变化信息的载体，利用被测物体在受激光照射后产生干涉散斑场的相关条纹来检测双光束波前后之间的相位变化。一束激光被透镜扩展并投射到被检测物体的表面上，反射光与从激光器直接投射到摄像机的参考光束发生干涉，在被照射的表面产生散斑场及一系列散斑图像。当物体运动时，这些散斑会随之发生变化，这些变化表征出被测物体表面的位移场变化或形变信息。使用 CCD 摄像机得到视频信号，由计算机软件处理分析后在监视器上显示出表征物场变化的散斑干涉条纹图，通过数值计算将这些条纹解析为人们所熟知的物理量。电子散斑干涉技术将干涉条纹图像转化为数字图像存储在计算机中进行运算和处理，处理过程实现了数字化、自动测量和对结果的直观解释，达到实现实时测量的目的，在科研和生产过程中得到日益广泛的应用。

【实验目的】

① 学习电子散斑干涉原理。

② 掌握使用本系统来测量三维离面位移方法。

③ 了解数字图像处理的基础知识。

【实验原理】

激光散斑是由无规散射体被相干光照射产生的，因此是一种随机过程。要研究它必须使用概率统计的方法。通过统计方法的研究，可以得到对散斑的强度分布、对比度和散斑运动规律等特点的认识。

当单色激光穿过具有粗糙表面的玻璃板，在某一距离处的观察平面上可以看到大大小小的亮斑分布在几乎全暗的背景上，当沿光路方向移动观察面时这些亮斑会发生大小的变化，如果设法改变激光照在玻璃面上的面积，散斑的大小也会发生变化。由于这些散斑的大小是不一致的，因此这里所谓的大小是指其统计平均值。它的变化规律可以用相关函数来描述。

散斑的大小、位移及运动是有规律的，它可以反映激光照明区内物体及传播介质的物理性质和动态变化。

电子散斑干涉技术利用被测物体的光学粗糙表面所造成的漫反射光与参考光之间的干涉进行测量，当激光照射在被测物体表面时，其漫反射在探测器件 CCD 表面的光场分布为：

$$U_0(r)=u_0(r)\exp[\phi_0(r)] \tag{4.4.1}$$

其中，$u_0(r)$是光的振幅，$\phi_0(r)$是被测物体反射后的光波相位。

电子散斑干涉技术与全息干涉技术类似，需要一束参考光。参考光的探测器表面的光场分布可以表示为：$U_R=u_R(r)\exp[\varphi_R(r)]$，这两束物光与参考光在 CCD 表面上形成光强

$$I(r)=u_0^2+u_R^2+2u_0u_R\cos[\phi_0-\phi_R] \tag{4.4.2}$$

当被测物体发生形变后，表面各点的散斑场振幅 $u_0(r)$ 基本不变，而相位 ϕ_0 将改变为 $\phi_0(r)-\Delta\phi(r)$，即

$$U'_0(r)=u_0(r)\exp[\phi_0(\mathrm{r})-\Delta\phi(r)] \tag{4.4.3}$$

而变形前后的参考光波维持不变。这样一来，变形后的合成光强

$$I'(r)=u_0^2+u_R^2+2u_0u_R\cos[\phi_0-\phi_R-\Delta\phi(r)] \tag{4.4.4}$$

对于全息干涉，它是把两个不同时刻的光强记录在同一干板，即产生叠加效应，而电子散斑则是对两个光强进行相减处理。

$$\begin{aligned}\bar{I}&=|I'(r)-I(r)|\\&=|4u_0u_R\sin[(\phi_0-\phi_R)+\Delta\phi(r)/2]\sin(\Delta\phi(r)/2)|\end{aligned} \tag{4.4.5}$$

可见，处理后的光强是一个含有高频载波项$[(\phi_0-\phi_R)+\Delta\phi(r)/2]$的低频条纹$\sin(\Delta\phi(r)/2)$。该低频条纹取决于物体形变引起的光波相位改变。这个光波相位变化与物体形变关系不难从光波传播的理论推导出来，即有

$$\Delta\phi=\frac{2\pi}{\lambda}[d_1(1+\cos\theta)+d_2\sin\theta] \tag{4.4.6}$$

其中，λ 是所用的激光波长，θ 是激光与物体表面法线的夹角，d_1 是物体形变的离面位移，d_2 是物体形变的面内位移。

在一般情况下，照明角度较小，即 $\cos\theta\approx1$，$\sin\theta\approx0$，所以这种单光术照明的电子散斑干涉对离面位移比较敏感，而对面内位移不敏感，这和全息干涉技术相类似。因为光程差是产生相位变化的主要原因，而光程差又主要和物体形变有关。设物体的离面形变为 $d(x, y)$，相应的相位改变为 $\Delta\phi=\frac{2\pi}{\lambda}2d(x, y)$，如果 $\Delta\phi=2n\pi$ 时，变化前后的散斑图像完全相同。于是有 $d(x, y)=\frac{n\lambda}{2}$，其中，$n$ 是干涉条纹的级数，当 $n(x, y)=0, 1, 2, \cdots$ 时，观察到暗条纹。

【实验仪器】

实验装置为电子散斑干涉(ESPI)测量系统，如图 4.4.1 所示，包括被测物体、激光器、外部光路、探测系统、数据采集和处理系统等几部分。

1. 被测物体

被测物体有两个，见图 4.4.2：一是通电加热的被测物体 1，一是手动调节的被测物体 2，二者都是为了产生一定量的形变。

被测物体 1 的主体是 60 mm×60 mm×15 mm 的金属铝块，其上部有三根电阻丝，接通电源后，电阻丝发热，铝块受热膨胀，使得被测物体表面产生形变，上面较高，下面较低，呈梯形。附带变压器，可调范围为 0~110 V。调节的电压越高，物体形变越快，注意防止物体形变过快，以至妨碍实验效果。在开始新的实验之前，要确定被测物体是经过冷却的，在被测物体接通电源后，尽量避免与身体接触。被测物体 2 是靠手动调节产生形变的，正面上部的金属片接受激光的照射，背面上部的螺丝用来粗调，下面的螺旋测微器旋钮用来细调。

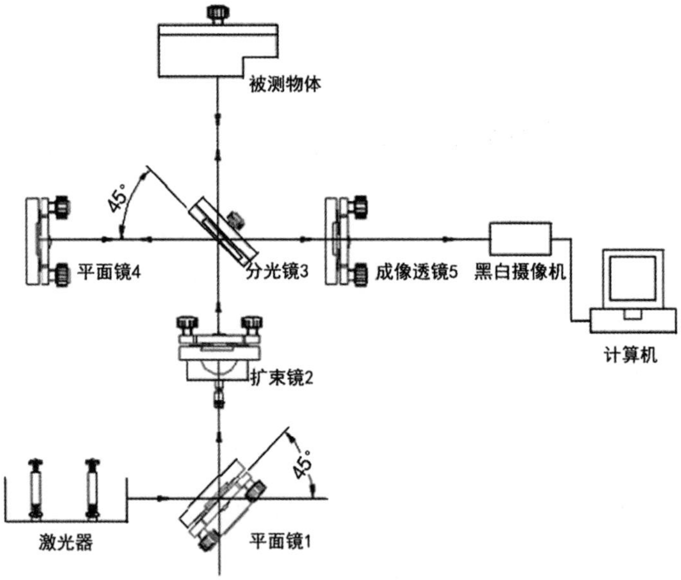

图 4.4.1　电子散斑干涉(ESPI)测量系统

2. 激光器

采用 He-Ne 激光器，功率为 1.5 mW，波长 632.8 nm，附有专用电源。

3. 外部光路

由透镜、反射镜等组成透镜组，完成分光、反射、成像、产生光斑等功能。

4. 探测系统

采用黑白 CCD 摄像机，有效像素数不低于 752(H)×582(V)。

5. 数据采集和处理系统

数据收集采用黑白图像采集卡，NTSC 制信号，分辨率设定为 640×480×16 位。图像的实时显示、过程控制、数据的分析及处理由配套软件完成。计算机的分辨率设为 1024×768×16 位，此时效果最好。

(a)温度形变被测物体　　(b)压力形变被测物体

图 4.4.2　被测物体

【实验内容】

① 把平台摆放好，并调平。检查各线缆连接。

② 各个实验仪器的位置参看图 4.4.1，先把各个仪器的中心高度调至共轴。

③ 使激光器发出的光束平行于工作平台的工作面。分别放入扩束镜和准直镜，调节准直镜，使通过它的被扩束的激光变成平行光，平行光束应通过放入光路(分光镜、被测物品、反光镜等)中的部件的中心且平行于平台。扩束镜前放入偏振片以调节亮度，以防损坏 CCD 摄像机。

④ 放入被测物品和 CCD 摄像机，调节分光镜上二维调整台的微调旋钮，使被物品反射的光的中心照射到 CCD 摄像机接收表面上。

⑤ 放入平面反射镜，要使平面反射镜到分光镜的距离和被测物品到分光镜的距离相同，且调节其被反射的光束的中心也入射到 CCD 摄像机接收表面上。

⑥ 数据采集软件使用方法。

软件安装后，从计算机“开始”菜单处选择“程序”组中的“ESPI”组，执行”XGS-I 型电子散斑干涉实验”项，即可启动 XGS-I 的控制处理系统。控制程序工作的默认显示器的参数为 1024×768×16 位，用户应在运行控制程序之前修改，运行控制程序时会检查当前的显示器的参数，若与上述不符，则在提示后修改。若要恢复到用户以前的设置，重启计算机即可。

⑦ 数据采集。

以被测物体 1 为例，在主界面里设置显示模式，若选择为 CCD 采集到的图像，则开始后显示的是散斑图，若选择为显示相减处理后的图像，则开始后显示的是有条纹的图像。设置采集图像的方式，若设置为自动采集，则还要设置采集的速度和数量，然后就可以点击“控制”菜单里“开始”菜单，或者点击工具条上的“开始”按钮，或者直接按 F1 键，效果相同。此时可以在工作区中间看到 CCD 采集到的电子散斑图，大小为 640×480，而且是实时变化的，其中的白斑就是电子散斑，如图 4.4.3 所示。在采集的过程中，若为自动采集，则按照设置的速度，自动采集图像保存到先前设置的路径，当采集设置的数量时，自动提示，并停止采集；当为手动采集，在显示的过程中，可以随时点击“控制”菜单里“抓图并保存”菜单，或者点击工具条上的“抓图”按钮，或者直接按 F4 键，效果相同。这里要注意的是，当采集图像时，同组的同名的新图会覆盖旧图。在开始后，可以随时点击“暂停”来进行各种操作，如抓图、查看属性等。采集完成，点击“停止”。

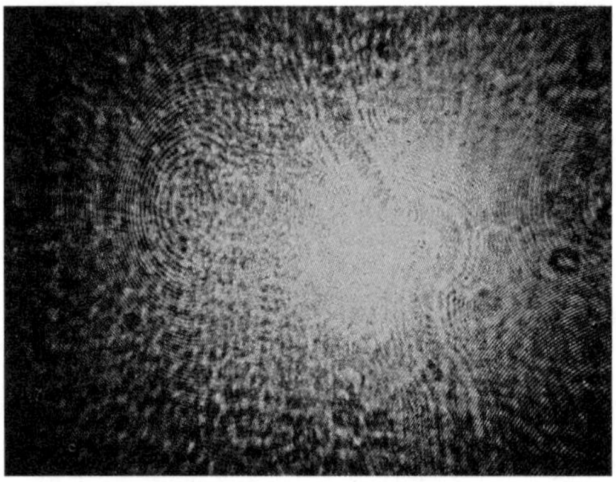

图 4.4.3　电子散斑图样

在预先设置的保存图像的文件夹里保存了采集到的图像的 BMP 格式的文件，文件的名称为“组图名_序列数”，例如在默认的设置下，手动采集图像十张，则在计算机的 D 盘下的 Pic 文件夹下，应该保留了十个 BMP 文件，分别为：Pic_0. bmp，Pic_1. bmp，Pic_2. bmp，依此类推。

采集图像完毕后，可以在左边的图像列表中观察各个图像，也可以双击图像列表中某一图像，使之被放大后在主工作区显示。在图像列表的某一图像上，单击鼠标右键，可以在弹出的菜单上选择不同的命令，来对图像做处理。这里要注意的是，当选择“擦拭掉”时，图像只是从图像列表中消失，保存的文件并不删除，要删除文件，要选择“删除文件”，执行此命令后，文件被删除，注意避免操作错误。

⑧ 数据的处理。

数据的处理包括以下几个步骤：图像相减（若显示模式为显示相减处理后的图像，则不需要此步骤），图像的二值化，提取骨架线和拟合。（详细步骤参见程序联机手册）.

图像相减是在“源 1”的下拉框中选择一幅图像，在背景的主工作区会有预览，再在“源 2”的下拉框中选择一幅图像，同样在背景的主工作区会有两幅图像相减的预览，若黑色条纹清晰可见，则可以点击“确定”后退出，否则可以选择不同的图像重新进行相减。一般情况下，若图像的效果较好，相减后可以得到类似下面的图像：一般来说，相减后的图像中有 3~5 条黑色条纹，处理后的效果最好。然后就对它进行二值化处理。左右滑动滑块，可以改变二值化的分界点，同时在背景的主工作区里形成预览，不断调节直到预览中的黑色条纹清晰可见，若效果不理想，可以尝试再次二值化。二值化后，在主工作区会显示二值化后的图像经腐蚀算法处理后的得到的骨架线。

若二值化后得到的图像效果不理想，则不能自动拟合，必须手动拟合。需要手动拟合如图 4. 4. 4 所示，其具体步骤为：

自下而上选取某一清晰的黑色条纹，用鼠标左键自左而右选取其上 4 ~ 12 个点，且要选中黑色条纹与边界的交点。

处理完一条黑色条纹后，点击右侧“下一条纹”按钮。

重复以上步骤处理所有清晰黑色条纹。

点击“微调”来微调某标注点的位置。完毕点击“微调结束”。

点击右侧“完成”按钮来结束选点。稍候，得到拟合的骨架线和曲面。

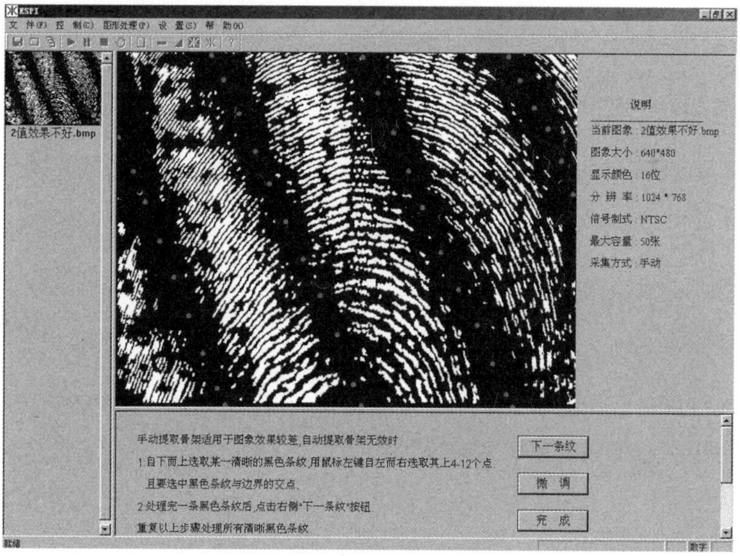

图 4. 4. 4　手动拟合图样

结果可打印输出，实验结束，关闭电源。

【数据处理】

① 手动调整物体形变，测量其形变三维图，并保存打印。

实验次数	手动形变位移	形变最大值	形变最小值	形变平均值
1				
2				
3				
4				
5				

② 测量物体受热膨胀形变的三维图，并保存打印。

加热时间/min	热胀形变	形变最大值	形变最小值	形变平均值
5				
10				
15				
20				
25				
30				

【思考题】

① 说明电子散斑干涉技术测量的原理是什么？其测量精度与哪些因素有关？

② 实验系统的光路调整过程中，应注意哪些问题？

【注意事项】

① 保证实验环境不要震动。

② 光学零件表面有灰尘时，不允许接触擦拭，可小心用吹气球吹掉。

③ 在运行控制程序前，关闭其他应用程序。

④ 在采集图像的过程中，同一组名的图像会不提示地覆盖以前的图像，所以在采集新图时，建议更改组图名称。

⑤ 防止触电。

实验 4.5 线阵 CCD 原理及应用实验

CCD(charge coupled device)即电荷耦合器件图像传感器，广泛应用于数字摄影、天文观测、光学测量技术、光谱分析等领域。它由韦拉德·博伊尔(Willard S.Boyle)和乔治·

史密斯(George E.Smith)两位物理学家在 1969 年发明，二人因此而获得 2009 年诺贝尔物理学奖。CCD 是一种半导体器件，其上有许多排列整齐的电容，能接收光线，感光作用和胶片一样，把光学信号转化为电信号，经由外部电路的控制，每个像素能将其所带的电荷转给相邻的寄存器，逐个转移最后输出。

CCD 器件按其感光单元的排列方式分为线阵 CCD 和面阵 CCD 两类。常见的扫描仪采用线阵 CCD，而数字摄像机则采用面阵 CCD。线阵 CCD 像传感器具有结构精细、体积小、工作电压低、噪声低、响应度高等优点，被广泛运用于运动图像传感、机械量非接触检测、图像数据自动获取等多领域。

【实验目的】

① 学习并掌握用示波器观测 CCD 驱动器各路脉冲的频率、幅度、周期和相位关系的方法。

② 测量 CCD 驱动脉冲之间的相位关系。

③ 掌握线阵 CCD 的 A/D 数据采集的基本原理。

【实验原理】

TCD1200D 型 CCD 包括摄像机构、两个 CCD 模拟移位寄存器、输出机构和采样保持电路四部分。

摄像机构也称摄像区，它由具有 2160 个光敏元和电荷转移电极组成，实际上为 2160 个 MOS 电容，电荷转移电极为 MOS 电容的栅极，通过电荷转移电极给栅极加脉冲电压。光敏元起光电转换作用，MOS 电容起暂存转换的电荷和向 CCD 模拟移位寄存器转移电荷包的作用。将 2160 个 MOS 电容的奇数位分别与 CCD 转移寄存器 1 相连，偶数位分别与 CCD 转移寄存器 2 相连。

CCD 模拟移位寄存器也是由一系列 MOS 电容组成。移位寄存器 1 和 2 各密排 1080 个，它们对光不敏感，Φ1、Φ2 为 MOS 电容的栅极，通过 Φ1、Φ2 外加脉冲电压。

电荷转移电极 SH 为摄像区 MOS 电容的控制电极，外加周期性脉冲电压。在脉冲电压低电平期间，摄像机构中的 MOS 电容形成势阱暂存光敏元转换的电荷，建立起一个与图像明暗成比例的电荷图像。高电平期间，摄像区的 MOS 电容中的电荷同时读出到 CCD 模拟移位寄存器的 MOS 电容中，奇数位信号转移到移位寄存器 1，偶数位信号转移到移位寄存器 2。在下一个周期的低电平期间，摄像区的 MOS 电容摄取第二帧图像，与此同时，CCD 转移寄存器的 MOS 电容中的电荷，在 Φ1、Φ2 脉冲电压的作用下，两个移位寄存器中的电荷包以奇、偶序号交替的方式逐个移位到输出机构中，恢复了摄像时的次序。

由场效应管 Q1、Q2 构成的两个源极跟随器构成输出机构，将来自 CCD 移位寄存器携带图像信息的电荷包以电压的形式送到器件外，OS 是输出电极。输出机构接有复位电极 RS，接到 Q1 的栅极，每当前一个电荷包输出完毕，下一个电荷包尚未输出之前，RS 上应出现复位脉冲，将前一个电荷包抽走，使 Q1 栅极复原，准备接收下一个电荷包。

DOS 为采样保持电路的控制端，当 DOS 加适当脉冲电压时，CCD 输出信号得到了采样保持，OS 端输出连续信号，DOS 加直流电压时，采样保持电路不起作用，OS 端输出信号与光强成正比，通常均为此种情况。

要使 CCD 器件正常工作，至少要在 SH、Φ1、Φ2、RS 电极上加四路脉冲电压。这四路脉冲的周期和时序要满足图 4.5.1 所示要求，图中 UO 为 CCD 输出信号。SH 为电荷转移电极控制脉冲。SH 为低电平时处于“采光期”，进行摄像，摄像区的 MOS 电容对光生电子进行积累；SH 为高电平时，摄像区积累的光生电子按奇偶顺序移向两侧的移位寄存器中，时间很短，所以 SH 脉冲的周期决定了器件采光时间的长短。SH 脉冲的周期称为积分时间。

Φ1、Φ2 为加在移位寄存器 MOS 电容上的脉冲，称为驱动频率。在 SH 脉冲的一个周期里，两侧的移位寄存器在 Φ1、Φ2 驱动脉冲的作用下，把上一周期转移来的电荷包逐个依次输出到器件外。每当 Φ1 或 Φ2 高电平时就输出一个电荷包，按奇偶顺序移，Φ1 移奇数位，Φ2 移偶数位。因此，Φ1、Φ2 的位相必须相反。

驱动频率的大小要适当，因为电荷的传输是从一个势井依次传到下一势井，需要一定的时间，Φ1、Φ2 的周期若小于这一时间，势井的电荷不能全部输出，则影响输出信号幅度和精度，太大会使噪声增大。

SH 和 Φ1、Φ2 必须满足：SH 的周期等于或稍大于 2160/2 个 Φ1、Φ2 脉冲周期，小于时则电荷包不能全部输出，会影响下个周期输出信号的精确度；太大会影响器件的速率。RS 脉冲为复位脉冲，其频率为 Φ1、Φ2 脉冲频率的 2 倍。

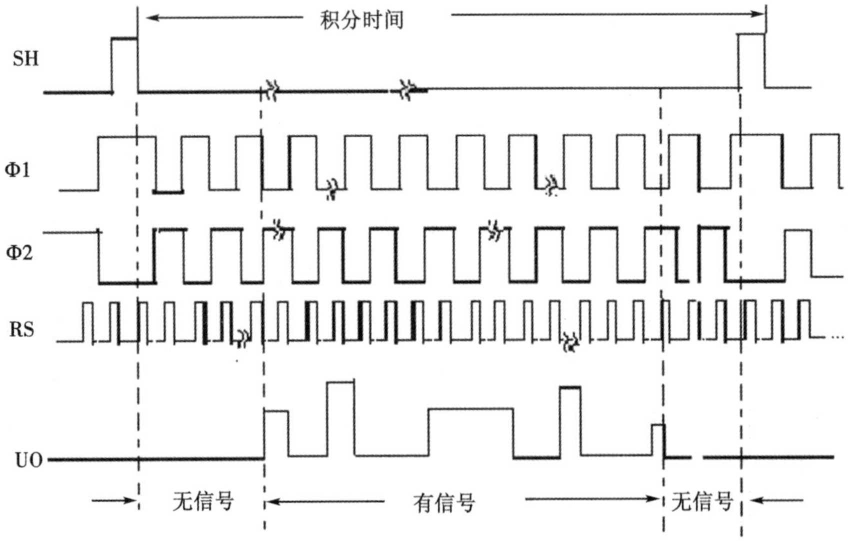

图 4.5.1　TCD1200D 的时序

以上四个脉冲除频率要满足以上要求外，对脉冲波形也有一定要求，尤其是 SH、Φ1、Φ2 脉冲之间的关系，当 SH 为高电平时，Φ1 必须同时为高电平，且 Φ1 必须比 SH 提前上升，当 SH 为低电平时，Φ1 必须同时为低电平，且 Φ1 必须比 SH 迟后下降。

线阵 CCD 的 A/D 数据采集的种类和方法很多,这里只介绍实验仪所采用的 8 位并行接口方式的数据采集基本工作原理。

如图 4. 5. 2 所示为以 8 位 A/D 转换器件 TLC5510A 为核心器件构成的线阵 CCD 数据采集系统。以单片机完成地址译码器、接口控制、同步控制、存储器地址译码等逻辑功能。计算机软件通过向端口发送控制指令对单片机复位。单片机等待 SH 上升沿(对应于 CCD 第一个有效输出信号)触发 AD 开始工作,AD 器件则通过 RS 信号完成对每个像元的同步采样,A/D 转换输出的 8 位数字信号则存储在静态缓存器件(IDT72241)中,当一帧像元的数据转换完成后,单片机(U29)会生成一个标志转换结束的信号,同时停止 A/D 转换器和存储器的工作。单片机(U30)将此帧像元的数据进行处理,并通过 USB 接口芯片将采集信号送给计算机软件进行相关显示处理。当软件读取并处理完一行数据后,再次发送复位指令循环上述过程。

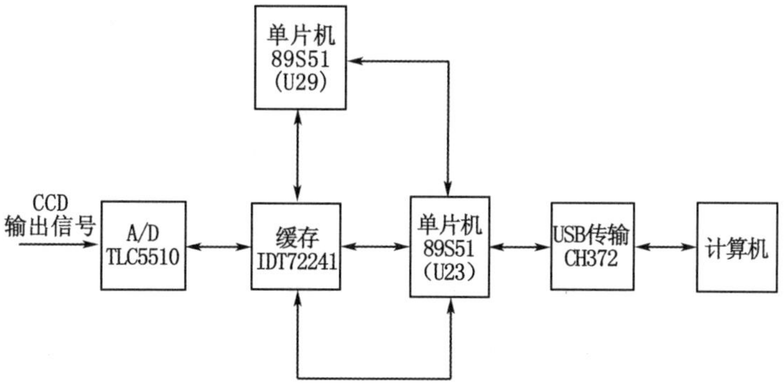

图 4. 5. 2　TCD1200D 的线阵 CCD 数据采集系统

【实验仪器】

采用 CCD 实验箱完成实验。线阵 CCD 像传感器利用 CCD 所具有的光电转换和移位存储功能进行图像传感和信息处理。利用光电转换功能 CCD 将入射到 CCD 摄像区的光信号转换为与之强度相对应的电荷包的空间分布，然后利用 CCD 的移位存储功能将这些大小不一的电荷包“自扫描”到同一输出端，形成幅度不等的实时脉冲序列，经过处理便可还原成原来的光学图像。本实验采用的 CCD 芯片为 TCD1200D。TCD1200D 封装外形与管脚分布如图 4. 5. 3 所示，TCD1200D 的管脚定义见表 4. 5. 1，它共有 2160 像素，每个像素大小为 14 μm×14 μm×14 μm(相邻像元中心距 14 μm。)

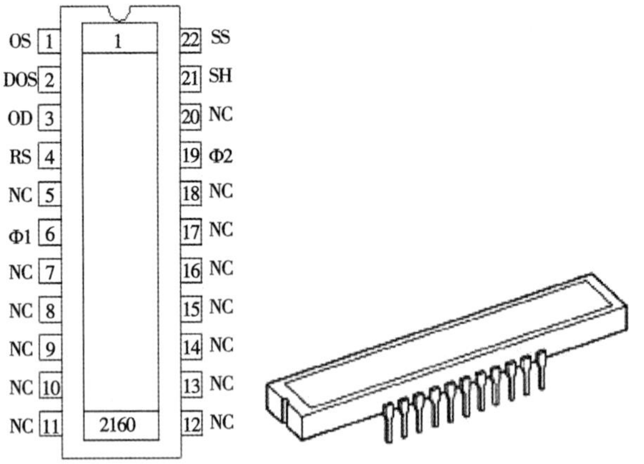

图 4.5.3　TCD1200D 的外形及封装

表 4.5.1　TCD1200D 管脚定义

管脚	符号	功能	管脚	符号	功能
6	Φ_1	时钟 1	1	OS	信号输出
19	Φ_2	时钟 2	2	DOS	补偿输出
21	SH	转移栅	3	OD	电源
4	RS	复位栅	22	SS	地

【实验内容】

打开 CCD 原理与应用实验箱的电源开关，观察积分时间显示窗口和驱动频率显示窗口的显示数据，并用积分时间设置按钮调整积分时间档为 0 档(按红色按钮依次为 01230)。然后打开示波器的电源开关，用双踪示波器检查 CCD 驱动器的各路脉冲波形是否正确(可参考实验箱面板上时序图)。如符合，则继续进行以下实验；否则，应请指导教师进行检查。

1. 驱动频率观测

打开示波器的电源开关，将 CH1 和 CH2 的扫描线调至适当位置，将示波器同步选择器开关调至 CH1 位置(用 CH1 做同步信号)。打开 CCD 原理与应用实验箱的电源开关。

用 CH1 探头测试转移脉冲 Φ_{SH}，并调节使之同步，使 Φ_{SH}脉宽适当以便于观测。用探头 CH2 分别测试 Φ1、Φ2 等信号。观察各信号的相位是否符合图 4.5.1 所示的波形(特别要注意各信号之间的相位关系)。

用探头 CH1 测试 Φ1 并使之同步。用 CH2 分别测试 Φ2、Φ_{RS}等信号。看其是否符合图 4.5.1 所示的波形。

驱动频率的测量：分别测出 Φ1、Φ2、Φ_{RS}的周期、频率、幅度并记录。改变频率选择开关，再测出 Φ1、Φ2、Φ_{RS}周期、频率、幅度并记录。

关机结束。关闭 CCD 原理应用实验箱电源，关闭示波器电源。

2. 积分时间的测量

将频率设为 0(挡)，积分时间设为 0(挡)，用 CH1 观测 SH 脉冲周期，并将 Φ_{SH}的周期(即积分时间)记录下来。改变积分时间的挡位，分别测出不同挡位下的积分时间。

再改变驱动频率，测出不同挡位的积分时间并记录。

关机结束。关闭 CCD 原理应用实验箱电源，关闭示波器电源。

3. AD 数据采集

① 首先将实验箱的 USB 端口和计算机 USB 端口用专用 USB 数据线缆连接。

② 打开计算机电源，系统启动后进入下面的操作。

③ 打开实验箱主电源开关，用示波器测量 Φ1、Φ2、RS、SH 等各路驱动脉冲的波形是否正确。如果与图 4. 5. 1 所示的波形相符，继续进行下面实验；否则，应请指导教师检查。

④ 检查 UO、UI 波形是否与前面实验一致。否则，应请指导教师检查。

⑤ 运行 CCD 应用软件，如果显示打开设备失败，应请指导教师检查。选择“开始绘图”开始采集数据。主窗口观察数据采集波形，上面为二值化的波形，下面为 CCD 输出信号波形。鼠标双击波形指定位置，将放大显示双击位置的像素幅值大小，每个页面显示 50 个像素，可以通过点击右上角分别指示左右的小三角符号显示相邻页面的像素。通过点击还原显示回到波形显示界面。主界面右上角 CCD 线径测量显示物体宽度(即二值化后中间低电平部分宽度)。点击阈值设定，可以对 CCD 输出信号进行软件二值化处理。阈值设定数值范围为：0~256，对应阈值电压为：0~4 V(界面右上角显示对应阈值电压)。点击保存可以保存波形图像到指定位置。

⑥ 实验完成后，关闭实验箱。

【数据处理】

TCD1200D 积分时间的测量

驱动频率	项目	Φ1	Φ2	Φ_{RS}
0 挡	周期/ms			
	频率/Hz			
	幅度/V			
1 挡	周期/ms			
	频率/Hz			
	幅度/V			

表(续)

驱动频率	项目	Φ1	Φ2	$Φ_{RS}$
2 挡	周期/ms			
	频率/Hz			
	幅度/V			
3 挡	周期/ms			
	频率/Hz			
	幅度/V			

TCD1200D 驱动频率观测

驱动频率 0 挡		驱动频率 1 挡		驱动频率 2 挡		驱动频率 3 挡	
积分时间/挡	SH 周期/ms	积分时间/挡	SH 周期/ms	积分时间/挡	SH 周期/ms	积分时间/挡	SH 周期/ms
0		0		0		0	
1		1		1		1	
2		2		2		2	
3		3		3		3	

【思考题】

① 画出 HS、Φ1、Φ2、RS 的波形，说明时序和相位关系，进而说明 TCD1200D 的基本工作原理。

② 在理解 AD 数据采集程序的基础上，说明该程序的工作流程。

第 5 章　综合性实验

实验 5.1　地磁场的测量实验

地磁场是一种弱磁场，大约为 10^{-5} T 量级(见附录)。地磁场作为一种天然磁源，准确测量其数值，在军事、工业、医学、探矿等领域中都有应用价值，用磁阻传感器测量弱磁场是一种重要方法。本实验采用坡莫合金磁阻传感器测量地磁场磁感应强度 B 及其水平、垂直分量及地磁场的磁倾角。

【实验目的】

① 掌握磁阻传感器的特性。

② 学习用磁阻传感器测量地磁场的方法。

【实验原理】

物质在磁场中电阻率发生变化的现象称为磁阻效应。对于铁、钴、镍及其合金等磁性金属，当外加磁场方向与磁体内磁化方向平行时，电阻几乎不随外加磁场变化；而当二者方向不平行时，金属电阻减小，这就是强磁金属的各向异性磁阻效应。

本实验中采用的 HMC1021Z 型磁阻传感器，是由长而薄的坡莫合金(铁镍合金)制成的一维磁阻微电路集成芯片，它用半导体工艺把铁镍合金薄膜附着在硅片上，如图 5.1.1 所示，制作时还在硅片上设计了两条铝制电流带，一条是置位与复位带(传感器遇到强磁场感应时，会产生磁畴饱和现象)，可以用来置位或复位极性；另一条是偏置磁场带，用于产生一个偏置磁场，补偿环境磁场中的弱磁场，使磁阻传感器输出成线性关系(因为当外加磁场过弱时，磁阻相对变化值与磁感应强度成平方关系)。

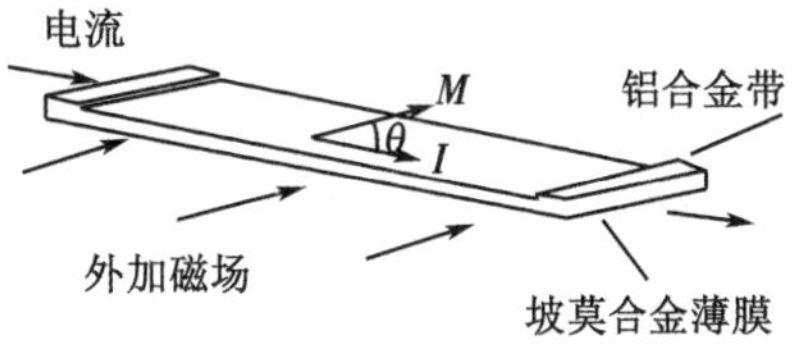

图 5.1.1　磁阻传感器的构造示意图

铁镍合金薄膜的电阻率为 $\rho(\theta)=\rho_{\perp}+(\rho_{/\!/}-\rho_{\perp})\cos^2\theta$，其中，$\theta$ 是磁化强度 M 和电流 I 方向间的夹角，$\rho_{/\!/}$、$\rho_{\perp}$ 分别表示当电流 I 平行于 M 和垂直于 M 时的电阻率。当沿着铁镍合金带的长度方向通以一定的直流电流，而垂直于电流方向施加一个外界磁场时，合金带自身的阻值会生变化，利用这一变化可以测量磁场大小和方向。

HMC1021Z 磁阻传感器是一种单边封装的磁场传感器，它能测量与管脚平行方向的磁场。传感器由四条铁镍合金磁电阻组成一个非平衡电桥，非平衡电桥输出部分接集成运算放大器，将信号放大输出。传感器内部结构如图 5.1.2 所示，图中由于适当配置的四个磁电阻电流方向不相同，当存在外界磁场时，引起电阻值变化有增有减，因而输出电压 U_{out}可以用式((5.1.1)表示为

$$U_{out}=\frac{\Delta R}{R}\times V_b \tag{5.1.1}$$

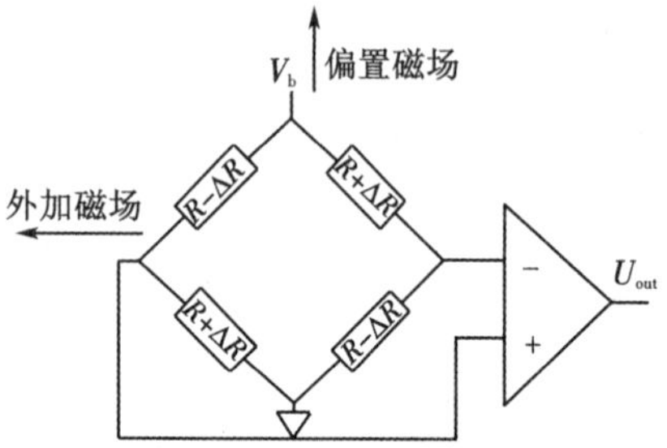

图 5.1.2　磁阻传感器内的惠斯通电桥

对于一定的工作电压，如 $V_b=6.00$ V，HMC1021Z 型磁阻传感器输出电压 U_{out}与外界磁场的磁感应强度 B 成线性关系，$U_{out}=U_0+KB$，其中，K 为传感器的灵敏度，B 为待测磁感应强度，U_0 为无外加磁场($B=0$)时传感器的输出量。

为确定传感器的灵敏度，需要标准磁场，实验中的标准磁场用亥姆霍兹线圈产生。当线圈匝数 $N=500$，平均半径 $R=10$ cm，流过电流为 I(单位：A)时，其公共轴线中心点位置的磁感应强度(单位：T)为

$$B=\frac{8\mu_0 NI}{R5^{3/2}}=\frac{8\times4\pi\times10^{-7}\times500}{0.100\times5^{3/2}}I=44.96\times10^{-4}I \tag{5.1.2}$$

式中，B 为磁感应强度，N 为线圈匝数，I 为线圈流过的电流强度，R 为亥姆霍兹线圈的平均半径，μ_0 为真空磁导率。本实验亥姆霍兹线圈每个线圈匝数 $N=500$ 匝，线圈的半径$R=10$ cm；真空磁导率 $\mu_0=4\pi\times10^{-7}$ N/A^2。

【实验仪器】

测量地磁场装置如图 5.1.3 所示。它主要包括底座，转轴，带角刻度的转盘，磁阻传感器的引线，亥姆霍兹线圈，地磁场测定以控制主机（包括数字式电压表，5 V 直流电源等）。刻度盘可取水平和竖直方位。

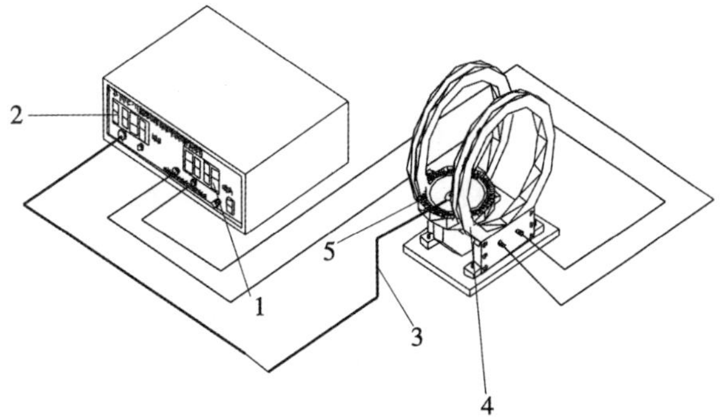

图 5.1.3　HMC1021Z 型磁阻传感器与地磁场实验仪

1—恒流电源；2—数字电压表；3—磁阻传感器输入输出引线；4—亥姆霍兹线圈；5—带角刻度的转盘

【实验内容】

1. 测量磁阻传感器的灵敏度 K(用亥姆霍兹线圈产生的磁场作为已知量)

① 将亥姆霍兹线圈与直流电源连接好。

② 使磁阻传感器的管脚和磁感应强度的方向平行，即转盘刻度调节到角度 $\theta=0$。调节底板上螺丝使转盘至水平(用水准仪指示)。

③ 按一下复位键，调节电流到零，电压调零。

④ 记录电流从 10 mA 到 60 mA 变化过程中对应的正向电压 $U_{正}$。

⑤ 测量反向电流时的电压 $U_{反}$。调节电流到零，电流换向，按一下复位键，电压调零，重复步骤④，记录电压。

⑥ 平均电压 $\overline{U}=|U_{正}-U_{反}|/2$，对 $\overline{U}$，B 二变量采用最小二乘法进行线性拟合，计算出磁阻传感器的灵敏度 K。

2. 测量地磁场的水平分量 $B_{//}$、地磁场的磁感应强度 $B_{总}$、地磁场的垂直分量 $B_{\perp}$ 和磁倾角 β

① 将亥姆霍兹线圈与直流电源的连线拆去。

② 使转盘至水平，旋转转盘，分别记下传感器输出的最大电压 U_1 和最小电压 U_2，计算出当地地磁场的水平分量 $B_{//}\equiv\overline{U}_{//}/K=|U_1-U_2|/2K$。

③ 把转盘刻度调节到角度 $\theta=0$，调节底板使磁阻传感器输出最大电压或最小电压，同时调节底板上螺丝使转盘保持水平。

④ 将转盘垂直，此时转盘面为地磁子午面方向，转动转盘角度，分别记下传感器输出最大电压和最小电压时转盘指示值 β_1 和 β_2，同时记录此最大读数 U_1'和最小读数 U_2'，并计算出当地地磁场的磁感应强度 $B_{总}\equiv\overline{U}_{总}/K=|U_1'-U_2'|/2K$。

磁倾角 $\beta=(\beta_1+\beta_2)/2$ 或由 $\cos\beta=B_{//}/B_{总}$得出。

地磁场的垂直分量 $B_{\perp}=B_{总}\sin\beta$。

【注意事项】

① 实验仪器周围的一定范围内不应存在铁磁金属物体。

② 测量地磁场水平分量，须将转盘调节至水平；测地磁场$B_{总}$和磁倾角β时，须使转盘面处于地磁子午面方向。

③ 测磁倾角β时，应测出输出电压$U_{总}$变化很小时β的范围，然后求其平均值。这是因为测量β时，偏差1°，$U'_{总}=U_{总}\cos1°=0.998U_{总}$变化很小，偏差4°，$U''_{总}=U_{总}\cos4°=0.998U_{总}$，所以在偏差1°~4°范围$U_{总}$变化极小。

【数据处理】

① 传感器灵敏度测量所用表格。

传感器灵敏度

励磁电流 I/mA	磁感应强度 $B/\times10^{-4}$ T	U/mV		平均 $\lvert\overline{U}\rvert$ /mV
		正向 U_1	反向 U_2	

② 其余所用表格自拟。

③ 测量时由于数值的稳定性所限，需要多次测量求平均(不小于5次)。

【思考题】

① 如果在测量地磁场时，在磁阻传感器周围较近处放一个铁钉，对测量结果将产生什么影响?

② 为何坡莫合金磁阻传感器遇到较强磁场时，其灵敏度会降低吗? 用什么方法来恢复其原来的灵敏度?

【附录】地磁场

地球本身具有磁性，所以地球和近地空间之间存在着磁场，叫作地磁场。地磁场的强度和方向随地点(甚至随时间)而异。地磁场的北极、南极分别在地理南极、北极附近，彼此并不重合，如图5.1.4所示，而且两者间的偏差随时间不断地缓慢变化。地磁轴与地球自转轴并不重合，有11°交角。

在一个不太大的范围内，地磁场基本上是均匀的，可用三个参量来表示地磁场的方向和大小(如图 5.1.5 所示)。

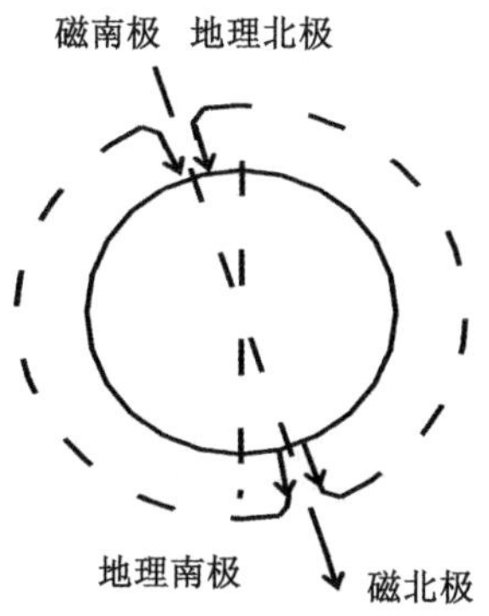

图 5.1.4 地磁场

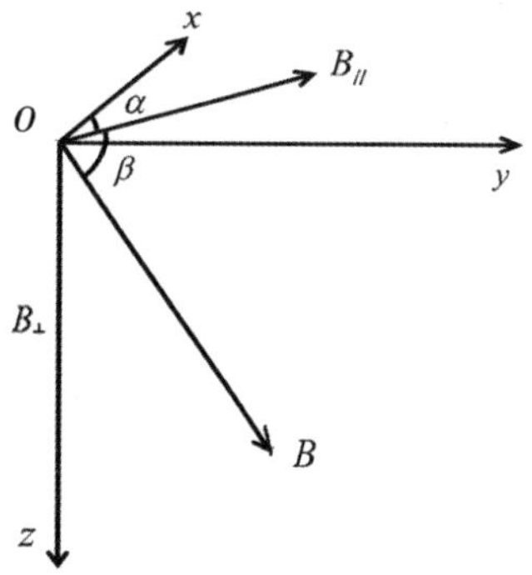

图 5.1.5 地磁场的方向和大小

① 磁偏角 α，地球表面任一点的地磁场矢量所在垂直平面(图 5.1.5 中 $B_{//}$与 z 构成的平面，称地磁子午面)，与地理子午面(图 5.1.5 中 x、z 构成的平面)之间的夹角。

② 磁倾角 β，地磁场矢量 $\boldsymbol{B}$ 与水平面(即图 5.1.5 的矢量 $\boldsymbol{B}$ 和 Ox 与 Oy 构成平面的夹角)之间的夹角。

③ 水平分量 $B_{//}$，地磁场矢量 $\boldsymbol{B}$ 在水平面上的投影。

测量地磁场的这三个参量，就可确定某一地点地磁场 $\boldsymbol{B}$ 矢量的方向和大小。当然这三个参量的数值随时间不断地改变，但这一变化极其缓慢、极为微弱。

实验 5.2 电磁波传播特性实验

1864 年，英国科学家麦克斯韦在总结前人研究电磁现象成果的基础上，建立了完整的电磁波理论，断定了电磁波的存在，推导出电磁波与光具有同样的传播速度，直到 1887 年德国物理学家赫兹做实验证实了电磁波的存在。

麦克斯韦的电磁理论表明变化的电场会在其周围空间激发磁场，变化的磁场也会在周围空间激发电场，变化的电场和磁场相互依存、相互激发，以光速向四周传播，形成电磁波。电磁波是一种横波，电磁波的磁场矢量、电场矢量及其行进方向三者互相垂直，其本身带有能量。电磁波通过不同介质时，会发生折射、反射、绕射、散射及吸收等。电磁波的波长、频率和传播速度之间的关系是 $\lambda = v/f$。电磁辐射量与温度有关，通常高于绝对零度的物质或粒子都有电磁辐射，温度越高辐射量越大，但大多不能被肉眼观察到。通常意义上所指有电磁辐射特性的电磁波是指无线电波、微波、红外线、可见光、紫外线，而 X 射线及 γ 射线通常被认为是放射性辐射。

目前，电磁波应用于各个领域，如移动通讯、雷达探测、卫星导航、光学及科学技术中都有着广泛的应用。本实验运用干涉原理对电磁波传播特性进行系统研究。

【实验目的】

① 了解电磁波的空间传播特性。

② 通过对电磁波波长、波幅、波节、驻波的测量进一步认识了解电磁波特性。

【实验原理】

几列电磁波同时在同一媒质中传播时，可以保持各自的特点（波长、波幅、频率、传播方向等），同时通过媒质，在几列波相遇或叠加的区域内，任一点的振动为各个波单独在该点产生的振动的合成。而当两个频率相同、振动方向相同、相位差恒定的波源所发出的波叠加时，在空间总会有一些点振动始终加强，而另一些点振动始终减弱或完全抵消，因而形成干涉现象。

干涉是电磁波的一个重要特性，利用干涉原理可对电磁波传播特性进行很好地探索，而驻波是干涉的特例。在同一媒质中两列振幅相同的相干波，在同一直线上反向传播时就叠加形成驻波。

由发射天线发射出的电磁波，在空间传播到远区反射点时，可以近似看成均匀平面波。此平面波垂直入射到金属板，被金属板反射回来，到达电磁波感应器；直射波也可直接到达电磁波感应器。这两列波将形成干涉，两列电磁波的波程差满足一定关系时，在感应器位置可以产生波腹或波节。

设到达电磁波感应器的两列平面波的振幅相同，只是因波程不同而有一定的相位差，电场可表示为：

$$E_x = E_m \cos(\omega t - kz) \tag{5.2.1}$$

$$E_y = E_x \cos(\omega t - kz + \delta) \tag{5.2.2}$$

其中，$\delta = \beta z$ 是因波程差而造成的相位差。这样，当相位差 $\delta = \beta z_1 = 2n\pi (n = 0, 1, 2, \cdots)$ 时，合成波的电场振幅最大，z_1 的位置为合成波的电场波腹；相位差 $\delta = \beta z_2 = (2n+1)\pi (n = 0, 1, 2, \cdots)$ 时，合成波的振幅最小，z_2 的位置为合成波的电场波节。

实际上到达电磁波感应器的两列波的振幅不可能完全相同，故合成波波腹振幅值不是二倍单列波的振幅值，合成波的波节值也不是恰好为零。

根据以上分析，若固定感应器，只移动金属板，即只改变第二列波的波程，让驻波得以形成，当合成波电场振幅最大（波腹）时

$$z_1 = 2n\pi/\beta = n\lambda \tag{5.2.3}$$

当合成波电场振幅最小（波节）时：

$$z_2 = (2n+1)\pi/\beta = (n+1/2)\lambda \tag{5.2.4}$$

此时合成波电场振幅最大到合成波电场振幅最小（波腹到波节）的最短波程差为 $\lambda/2$，若此时可动金属板移动的距离为 ΔL，则

$$2\Delta L=\lambda/2 \tag{5.2.5}$$

即

$$\lambda=4\Delta L \tag{5.2.6}$$

可见，测得了可动金属板移动的距离 ΔL，代入式中便确定电磁波波长。

【实验仪器】

实验装置如图 5.2.1 所示。实验可以用带灯泡的感应器完成，也可以借助检波天线和电流表完成。

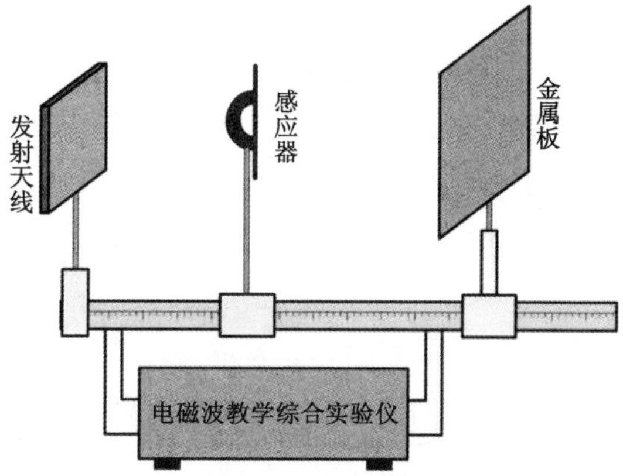

图 5.2.1　电磁波传播特性测量装置示意图

【实验内容】

① 给定天线位置，观察天线上灯泡亮度随角度的变化关系。

② 移动天线位置（给定天线的方向）观察灯泡亮度随距离变化的规律。

③ 给定天线位置，给定天线方向，测量、求出波长 λ 和频率 f。

具体步骤：

① 将电磁波感应器（如半波天线）安装在可旋转支臂上，先将其垂直放置，再将支臂滑块移到距离发射天线 20 cm 刻度处。

② 开启电磁波教学综合实验仪开关（power），接上输出端口 A（output），旋到 A 通道选择（channelA），按 TX 按钮，此时发射天线板已有电磁波发射出来。

③ 移动反射板，看半波天线上灯泡是否有明暗变化（或电流表是否有显著电流变化），如果没有，则将半波天线转为水平放置，如果还没有明暗变化，再检查天线及其他方面。

④ 如系统正常工作，从远而近移动金属板，观察灯泡明暗变化（或电流表变化）。

⑤ 以灯泡明暗度（或电流大小）判断波节（波腹）的出现。再由近而远移动反射板，并记录下最初灯泡最亮（或电流最大）时金属板位置的坐标 z_1 及灯泡最暗（或电流最小）

时金属板位置的坐标 z_2；继续测第二次灯泡最亮（或电流最大）时金属板位置的坐标 z_1 及灯泡最暗（或电流最小）时金属板位置的坐标 z_2；由最亮（大）到最暗（小），最暗（小）到最亮（大），如此反复，记下测得的最亮（大）次数 i，将测量数据进行记录。

【注意事项】

① 按下 TX 按钮时，若 ALM 红色告警灯亮，应立即停止发射，检查波段插口与波段开关是否对应，电缆是否断线，发射天线是否接好，或报告指导老师。否则容易损坏仪器。

② 使用感应灯时，不能使感应灯离发射天线的距离过近，否则会烧毁感应灯（置于 10 cm以外，或视感应灯亮度而定）。使用电流表时，通过合理调节收发天线的距离和利用电流表上的衰减开关，控制电流指示不超过量程（最大值在量程的 90%为宜）。

③ 尽量减少按下 TX 按钮的时间，以免影响其他小组的测试准确性。

④ 测试时应避免附近人员走动，以免人体反射影响测试结果。

【数据处理】

① 按上述实验步骤将实验数据记录在下表中。

次数	天线位置/cm	波节/cm	波腹/cm	波节/cm	波腹/cm	波节/cm	波腹/cm
1	15						
2	20						
3	25						

② 求出波长 λ 和频率 f。

【思考题】

① 天线位于不同位置时测得的波长是否相同？为什么？

② $f_{平均}$ 与 $f_{实}$ 不同，分析误差来源。

【附录】电磁波的发现过程

电磁波的发现过程比较曲折。著名的物理学家麦克斯韦最早提出对于电磁波的预言。他凭借对电磁学研究取得的成就被誉为 20 世纪最有影响力的物理学家，而电磁学也成为牛顿之后物理学的第二次大统。他建立的麦克斯韦方程组将电磁学的概念进行了完美的统一。早在 1864 年他在涡旋电场假设和位移电流假设的基础上，通过对前人研究的总结和数学上的推导，推论了光也是一种电磁波，推算了电磁波的速度，预言了电磁波的存在。然而，他本人并没能实验证实电磁波的存在。

之后的二十几年里，人们一直无法找到电磁波。直至 1887 年，物理学家赫兹实验验

图 5.2.2　麦克斯韦

证了电磁波的存在。赫兹早在学生时代就是个勤于思考又善于动手的学生。当读麦克斯韦的著作时，他通常会想很久。1886 年 10 月，一次偶然的机会让赫兹遇到了电磁波。当时，他正在准备一个放电实验时，突然发现在两个靠近的绝缘线圈中其中一个有电火花。他针对这个现象做了一系列实验，用线圈中的感应电流产生电磁波。他从实验角度发现电磁波在本质上和光一样，具有反射、折射、偏振等特性。

图 5.2.3　赫兹

偶然的发现让赫兹证实了麦克斯韦的理论预测。他的实验为无线电的发展开辟了新道路，标志着人类进入无线电时代。之后短短 6 年的时间，无线电传播就投入实际应用，例如无线电报、无线电话、传真、电视、雷达、卫星通讯及射电天文望远镜等不断涌现，给人类的生活带来天翻地覆的变化。

然而，这位天才科学家在病魔的折磨下仅活了 37 岁。直至生命最后，他还在写作。后人为了纪念他，把频率的单位定为赫兹。他的导师对他的评价是：“亨利希 · 赫兹以他的发现赢得自己在科学中享有永恒的声誉。”

实验 5.3　气体流速测量实验

在科学技术和工业生产的诸多领域，流速测量是最常见的物理测量，根据测量原理不同有多种流速测量方法，常见的有压差法流速测量、旋浆流速测量、热线法流速测量、激光流速测量和涡街流速测量等。压差法测量基于机械能守恒原理和流体力学基本方程——伯努利方程——测量流速的大小，是管道流速和流量测量中最常见的方法，有孔板、比托管、喷嘴、文丘利管等多种形式；热线法流速测量基于介质流动时与传感器的强迫热交换，常用于测量空间流场流速分布。

本实验采用喷嘴压差法和热线法对实验小型风洞的空气流速进行测量，通过实验学习流速测量原理，掌握实用的流速测量方法，绘制流速测量校正曲线。

【实验目的】

① 进行喷嘴法测量空气流速实验，掌握力学功能原理和伯努利方程的实际应用。

② 进行热线传感器测量空气流速实验，掌握热传导理论的实际应用。

③ 通过热线流速仪校正，掌握电子测量仪器校正的一般方法。

【实验原理】

1. 压差法测量管道流速

压差流速仪是目前用量最大的工业测量仪器，压差流速仪利用节流元件形成的压力差测量管道中连续介质流速，工业中应用的节流元件均已标准化，常见的节流元件有孔板、比托管、喷嘴、文丘利管等，它们的技术特性参数不同，可以满足不同场合的使用要求。

在被测管道内安装一较小孔径的节流元件，流束在节流处形成局部收缩，由于管道内各点的流速和压力满足机械能守恒原理和由此导出的伯努利方程，于是在节流件上下游两侧会产生随流速变化的静压力差(或称差压)，通过测量此压差可以计算流体经过节流件时的流速和流量。

伯努利方程表述为：对于由不可压缩、非黏滞性流体流线组成的流管内的点，其压力和单位体积的机械能(动能+势能)之和为常数，即对于流管内的任意点，均有下式成立：

$$p+\frac{1}{2}\rho u^2+\rho gh=\text{常数} \tag{5.3.1}$$

其中，p 为压力，u 为流速，ρ 为流体密度，h 为相对高度，g 为重力加速度。

喷嘴的结构见图 5.3.1。

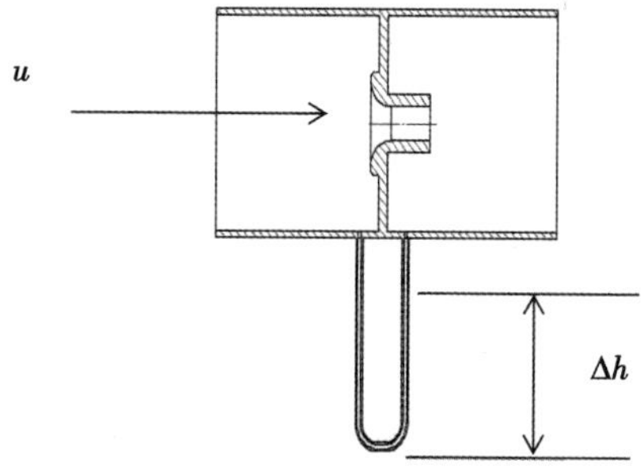

图 5.3.1　喷嘴的结构图

流线型喷嘴前后的压差由水柱压差计测出，设水柱压差为 Δh，空气流过喷嘴的流速为 u，根据喷嘴两边的压力势能在喷嘴内转换为气体动能（机械能守恒）或由伯努利方程，得

$$u=\sqrt{2k\Delta h\rho'/\rho} \tag{5.3.2}$$

其中，k 为修正喷嘴孔口流速不均匀的修正系数，可由实验获得，对于本实验所使用的小型实验风洞为 0.935；ρ'是水的密度，实验中可近似取$\rho'=1.000\ \mathrm{g/cm^3}$；$\rho$ 为被测流体空气的密度，空气的密度为$\rho=\frac{273}{273+T}\cdot\rho_0$，其中 T 为环境温度（℃），ρ_0为 0 ℃时的空气密度，取$\rho_0=1.290\times10^{-3}\ \mathrm{g/cm^3}$，代入式（5.3.2）化简后有：

$$u=1150\sqrt{\frac{273+T}{273}\Delta h}\ (\mathrm{cm/s}) \tag{5.3.3}$$

把室温 T（℃）和压差计读数 Δh（cm）代入式（5.3.3），即可求出喷嘴处的空气流速。

对于其他的压差流速仪如比托管、孔板和文丘利管，Δh 和 u 仍具有式（5.3.2）的表达形式，但修正系数 k 的数值略有不同。

2. 热交换法测量流场流速分布

热线法采用热线传感器测量流速，热线传感器体积小、响应快，对流场干扰小，可以测量流场中空间点的瞬态流速，过去由于热线流速仪稳定性欠佳、价格昂贵，仅限于实验室使用，随着科学技术的发展，热线流速仪已大量商品化应用，例如汽车发动机为取得合适的油气混合比，需要对空气进气量进行测量，就是采用热线法实现的，因此说每天有数千万的热线传感器在为人类服务毫不夸张。

热线传感器结构极其简单，见图 5.3.2，主要部分是一根极细的金属丝，典型尺寸长约 3 mm、直径约 10 μm，一般选用钨、铂等稳定性好、电阻温度系数大的金属材料。工作时用电流加热使它的温度高于周围温度，故称为“热线”。流体流动时带走热线的热量，使热线的温度或电流发生变化，从而把流速转变为电信号。

热线也有其他形式，常见的有热膜、热球等。汽车上采用的就是热膜传感器，本实验采用的是专利产品铂热传感器，安装在风洞喷嘴的出风口处。

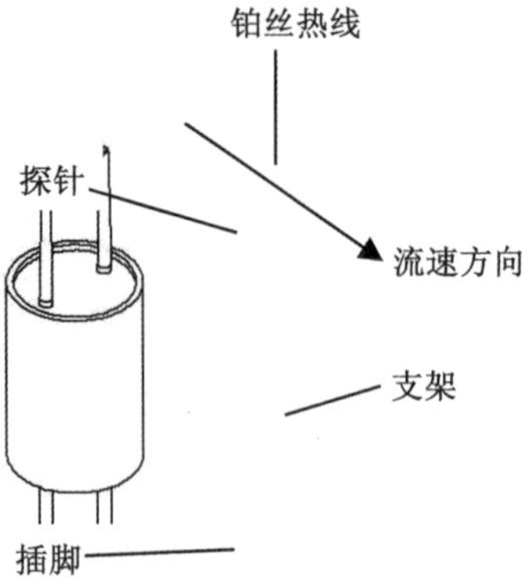

图 5.3.2 热线传感器结构

当热线温度恒定时，热线由电加热获得的热量等于热线散失的热量，可列出热平衡方程：

$$Q_d = Q + Q_2 + Q_3 \tag{5.3.4}$$

式中，Q_d为电流加热产生的热量；Q为由于周围流体强迫对流散失的热量；Q_2为由于热线支架热传导散失的热量；Q_3为热线向周围空间热辐射散失的热量。

实际的传感器的构造设计使Q_2和Q_3可以忽略不计，可以认为热线的换热基本只有强迫对流换热。热平衡方程可简化为：

$$Q_d = Q \tag{5.3.5}$$

强迫对流散失的热量Q与流体强迫掠过热线的换热系数K、热线表面积S、热线温度T_w和流体温度T_f关系为：

$$Q = KS(T_w - T_f) \tag{5.3.6}$$

显然，换热系数K与热线几何形状、流体流速u、流体导热系数λ、流体黏滞系数γ、流体热扩散率α有关。

以长直细圆柱体热线为边界条件，求解三维流场中的热交换微分方程组可获得式(5.3.6)的具体形式，该公式由 L.V.King(1914)给出，故称金氏公式：

$$Q = [A_2(\lambda, \gamma, \alpha, l) + B_2(\lambda, \gamma, \alpha, l, d)]u^{1/m}(T_w - T_f) \tag{5.3.7}$$

其中，A_2和B_2是λ、γ、α和热线几何尺寸d、l的函数，与u无关，因此在传感器和被测流体确定后，对于变量u，A_2和B_2为常数：

$$Q = (A_2 + B_2 u^{1/m})(T_w - T_f) \tag{5.3.8}$$

流经热线的电流I在热线上产生的热量

$$Q_d = 0.24 V_B^2 / R \tag{5.3.9}$$

其中，V_B是电桥电压，R是热线电阻，因为Q、Q_d两者相等，有：

$$V_B^2 = (A + Bu^{1/m})(T_w - T_f) \tag{5.3.10}$$

写成u的显函数以方便应用，有：

$$u=\left(a\frac{V_{B}^{2}}{T_{w}-T_{f}}-b\right)^{m} \tag{5.3.11}$$

式(5.3.10)、式(5.3.11)给出传感器端电压 V_B 与流速 u 之间的关系，是非线性关系，见图 5.3.3。

上述结论同样适用于其他形状的传感器。式(5.3.11)中，a，b 和 m 可由实验获得，m 取值在 2 附近，本实验所用热线传感器 m 值为 2.2。

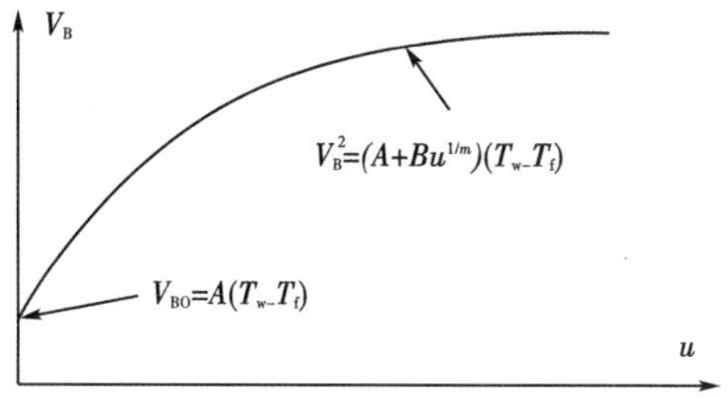

图 5.3.3 传感器端电压与流速之间的关系

为了检验流速仪的传感器端电压 V_B 与流速 u 之间的关系是否符合式(5.3.11)，我们可以把 V_B 与 u 之间的函数关系改写成：

$$u^{\frac{1}{2.2}}=\left(a\frac{V_{B}^{2}}{T_{w}-T_{f}}-b\right) \tag{5.3.12}$$

$$V_{B}^{2}=\frac{T_{w}-T_{f}}{a}u^{\frac{1}{2.2}}+\frac{T_{w}-T_{f}}{a}b \tag{5.3.13}$$

在温度 T_w 和 T_f 确定的情况下 $\frac{T_w-T_f}{a}$ 和 $\frac{T_w-T_f}{a}b$ 为常数，V_B^2 与 $u^{\frac{1}{2.2}}$ 之间为线性关系，可以通过作图法观察 V_B^2 与 $u^{\frac{1}{2.2}}$ 的关系曲线是不是直线，以验证它们是否满足线性关系，如果 $V_B^2-u^{\frac{1}{2.2}}$ 图线是直线，也就验证了式(5.3.11)的正确性，间接验证了导出式(5.3.11)的理论是正确的。通过图解法还可以求出斜率 $\frac{T_w-T_f}{a}$ 和截距 $\frac{T_w-T_f}{a}b$，进一步求出 a 和 b，代入式(5.3.11)获得 u 和 V_B 的具体表达式。

我们也可以利用最小二乘法对 V_B^2 和 $u^{\frac{1}{2.2}}$ 的一组数据进行直线拟合，在计算出这两个量之间的相关系数 $r\approx1$(表示满足线性关系)的基础上，直接利用公式计算出直线的截距和斜率(见附录)。相关系数越是接近 1，表示线性程度越好。本实验使用的热线流速仪，V_B^2 和 $u^{\frac{1}{2.2}}$ 的相关系数可达 0.999 以上。

热线流速仪主体由非平衡测量电桥、信号调理、A/D 转换、单片机、显示器、电源组成，结构框图见图 5.3.4。主机不仅提供热线传感器正确的工作点，而且完成线性化校正，其原理概述如下：

非平衡测量电桥根据 R 的变化自动调整热线传感器电流，补偿由风速变化带走的热量，使热线传感器处于恒温状态，这时电桥输出信号 V_B 与流速 u 满足式(5.3.11)规律，V_B 经过信号调理和 A/D 转换，送入单片机进行处理，输出与流速成线性关系的信号 V_{Line}。

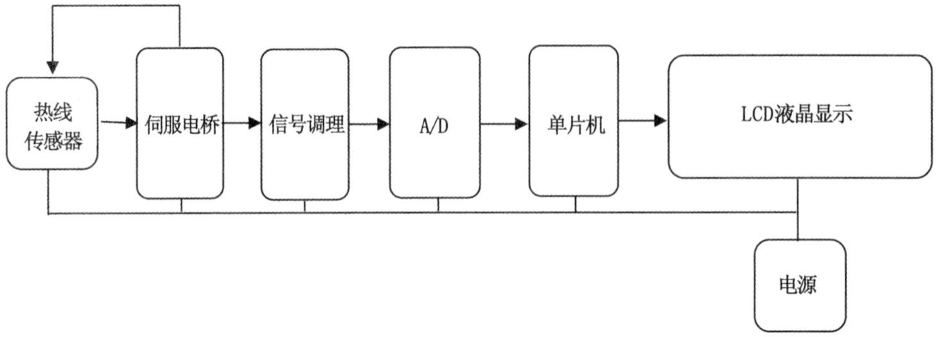

图 5.3.4　热线流速仪结构框图

由于 a、b 参数与传感器状态、被测流体性质有关，当传感器状态或被测流体发生变化时热线流速仪需要通过校正重新确定公式中的 a、b 的值，常用的校正方法是把热线传感器置于风洞的已知流速的流体中，调整仪器参数使流速仪输出与已知风速一一对应，由于主机中的单片计算机已经进行线性化处理，V_{Line} 与 u 的关系是线性的，因此只要简单进行两点校正即可，具体做法是调整流速仪上的调零旋钮使流速为零时 V_{Line} 为零，调整满度旋钮使流速最大时 V_{Line} 与流速值相等即可，经校正后的热线流速仪可以直接从仪器上读出现场的流速测量值。

【实验仪器】

流速测量实验装置如图 5.3.5 所示，由实验风洞、水柱压差计、热线流速仪主机构成，实验风洞由吸气风机、透明缓冲筒、喷嘴、进气口组成，风洞上有一风速旋钮用以调整风洞内空气流速大小(型号不同该旋钮位置有所不同)，喷嘴前后的压力差 Δh 可由水柱压差计左右两个水柱读数差求出，代入实验原理式(5.3.3)可求出风洞喷嘴的风速值。热线传感器装在喷嘴后方的支架上，实验风洞上的传感器插座与主机上的传感器输入插座相连(不分正负)。主机上有调零旋钮和满度旋钮，调零旋钮用于使风洞流速为零时流速仪 V_{Line} 为零，满度旋钮用于使流速为测量最大值时 V_{Line} 与其对应。主机上有一 LCD 液晶显示器，显示器第一行显示电桥电压 V_B，V_B 与风速 u 满足实验原理中式(5.3.10)和式(5.3.11)关系，第二行显示经过单片机处理的线性输出 V_{Lne}，V_{Lne} 与 u 为线性关系，数值上可以通过标定取得相等。

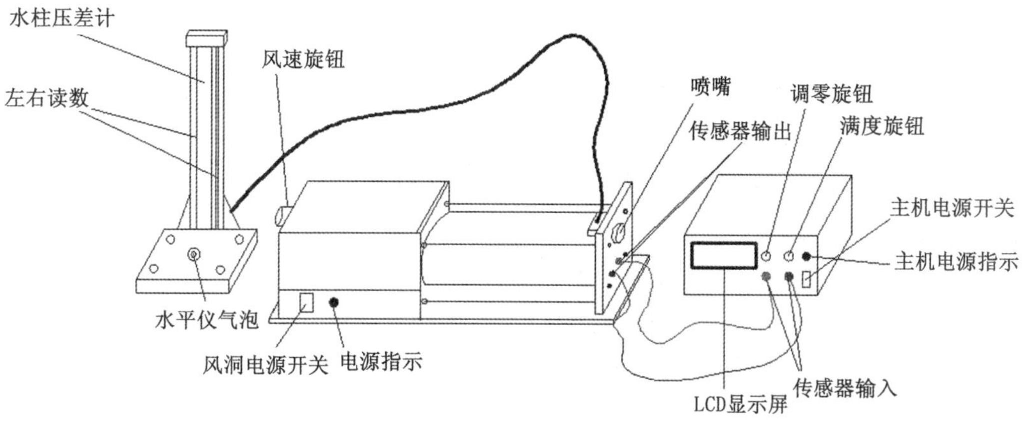

图 5.3.5　流速测量实验装置

【实验内容】

① 测量并记录室内温度。

② 测量风速。

③ 绘制流速测量校正曲线。

操作步骤：

① 实验前熟悉实验风洞和流速仪主机，观察喷嘴及传感器构造。

② 把风速旋钮逆时针旋转到底（$U=0$），按图 5.3.5 所示连接好仪器（注意导线的极性）。

③ 调整水柱压差计的底脚使水平气泡居中（保证压差计垂直）。

④ 打开主机电源、风洞电源，仪器开始工作。LED 的第一行显示电桥输出电压（V_B），第二行显示风速 V_{Line}。缓慢调整风速旋钮（顺时针），可以听到风机噪声加大，压差计水柱差变大，V_B 随 V 的增大而增大。如此反复 1~2 次即可做实验。（注：做实验时最大压差不宜超过 21 cm）。

⑤ 调整风速旋钮使风速为 0。调整主机调零旋钮使 V_{Lline} 刚好为 0，并记下电桥输出电压 V_B。

⑥ 测量室温 T 根据式（5.3.3）计算出 $\Delta h=20.00$ cm 风速时 $u_{20.00\ cm}$，去掉风罩，调整风速使 $\Delta h=20.00$ cm，调整满度旋钮使 $V_{Line}=u_{20.00\ cm}$，重复⑤，⑥两步骤 2~3 次。

完成以上步骤后记下水柱左右读数 $h_{左}$、$h_{右}$。由小到大顺时针调整风速旋钮逐渐改变风速。记下不同水柱差下的风速、电桥输出的读数。

【注意事项】

① 由于采用单片机技术，可能出现程序跑死现象，此时关机后过 3 s 再重启即可。

② 由于热线流速仪低风速时灵敏度很高，因此调零（风速为零）时一定要罩上风罩，防止自然风在喷嘴处流动造成的 V_B误差；而压差计低风速时灵敏度较低，Δh 较小时读数要注意避免水柱读数视觉误差。

③ 测量时注意取下风罩。

④ 由于风速较高时喷嘴内存在一定的紊流干扰导致压差计水柱不稳，V_{Line}跳动，读数时取平均值即可。

【数据处理】

实验风洞编号：________热线流速仪主机编号：________。

室内温度：T_f=________℃；$h_{左}$=________ cm，$h_{右}$=________ cm。

Δh=20.00 cm 时的风速值 $u_{20.00\ cm}$=________ cm/s。

热线温度 T_w=________℃，流体温度（环境温度）T_f=________℃。

① 完成下表。

编号	Δh/cm	u/(cm·s^{-1})	$u^{\frac{1}{2.2}}$	V_B/V				V_B^2/V^2	V_{Line}/cm·s^{-1}			
				(1)	(2)	(3)	平均		(1)	(2)	(3)	平均
0	0.00											
1	1.00											
2	2.00											
3	3.00											
4	4.00											
5	5.00											
6	6.00											
7	7.00											
8	8.00											
9	9.00											
10	10.00											
11	11.00											
12	12.00											
13	13.00											
14	14.00											
15	15.00											

表(续)

编号	Δh /cm	u/(cm·s^{-1})	$u^{\frac{1}{2.2}}$	V_B/V				V_B^2/V^2	V_{Line}/cm·s^{-1}			
				(1)	(2)	(3)	平均		(1)	(2)	(3)	平均
16	16.00											
17	17.00											
18	18.00											
19	19.00											
20	20.00											

② 用毫米方格纸，选取适当坐标，分别绘出 $u-\Delta h$；$u-V_B$；$u-V_{Line}$三张曲线图，观察 $u\sim\Delta h$、$u\sim V_B$变化规律，观察 $u-V_{Line}$线性化程度。

③ 用毫米方格纸，选取适当坐标，绘制$V_B^2-u^{\frac{1}{2.2}}$图线；用图解法求出斜率$=\dfrac{T_w-T_f}{a}$和截距$=\dfrac{T_w-T_f}{a}b$；代入热线温度 T_w和流体温度 T_f的数据解出参数 a 以及 b；写出 u 和 V_B之间函数关系的解析式。

*④ 利用公式计算V_B^2与$u^{\frac{1}{2.2}}$这两个量之间的相关系数 r，对线性相关程度作出判断。

【思考题】

① 简述压差流速仪和热线流速仪工作原理。

② 为什么热线流速仪使用前要进行校正？简述校正过程，什么情况下不用进行校正？

③ 当 T_w增加(热线温度上升)，流速为零时，电桥电压是增大还是减少？为什么？

④ 试论述 T_w对测量风速的影响。

【附录】直线拟合

由一组实验数据找出一条最佳的拟合直线，常用最小二乘法，其基本原理是：若能找到一条最佳的拟合直线，那么这条拟合直线上各相应点的值与测量值之差的平方和在所有拟合直线中是最小的。如果两个变量 x 与 y 之间存在着线性关系，直线方程的形式为：

$$y=a+bx \tag{5.3.14}$$

对于一组数据 x_i，y_i($i=1, 2, \cdots, n$)，直线方程的参数 a 和 b 可以根据上述原理导出：

$$\left.\begin{aligned} a &= \bar{y} - b\bar{x} \\ b &= \frac{\overline{xy} - \bar{x} \cdot \bar{y}}{\overline{x^2} - \bar{x}^2} \end{aligned}\right\} \tag{5.3.15}$$

式中，$\bar{x} = \frac{1}{n}\sum_{i=1}^{n} x_i$，$\bar{y} = \frac{1}{n}\sum_{i=1}^{n} y_i$，$\overline{x^2} = \frac{1}{n}\sum_{i=1}^{n} x_i^2$，$\overline{xy} = \frac{1}{n}\sum_{i=1}^{n} x_i y_i$。

x 与 y 线性相关程度的好坏，可以用相关系数 r 来判断：

$$r = \frac{\overline{xy} - \bar{x} \cdot \bar{y}}{\sqrt{(\overline{x^2} - \bar{x}^2)(\overline{y^2} - \bar{y}^2)}} \tag{5.3.16}$$

r 值在$-1 \sim 1$之间。若$|r|=1$，说明变量 x 与 y 完全线性相关，拟合直线可通过所有实验点；$|r|$越接近 1，线性关系越好。一般求得的$|r| \geqslant 0.9$ 便可认为两个量之间有较密切的线性关系。

附 录

附录 A 近代物理实验报告的书写要求

物理实验不仅可以锻炼学生的实践动手能力和科学创新精神，还可以通过撰写实验报告，培养学生将来从事科学研究和工程领域工作的论文报告书写能力。近代物理实验报告既是实验课后学习的重要组成部分，也是实验成绩的评定依据。望各位同学能够重视实验报告的书写。

正规实验报告通常包含三大部分：预习报告、过程报告和结果分析与讨论。其中预习报告中又包括：① 实验名称；② 实验目的；③ 实验装置(仪器设备)；④ 实验原理；⑤ 实验内容(预习)。过程报告又包括：① 仪器设备的记录；② 实验内容及实验数据记录；③ 实验中遇到的问题及解决方法。结果分析与讨论中包括：① 实验数据的处理；② 实验结果的误差分析与问题讨论；③ 实验思考题解答。

一、预习报告要求

1. 预习报告包括实验名称、实验目的、实验装置图和原理图、实验原理、实验内容(侧重预习方面)几个部分。这里就几个重点进行说明。

(1)实验目的：不同的实验有不同的训练目的，本教材中每节实验目的都已列出。但在具体实验过程中，有些内容未曾进行，或改变了实验内容。因此，不能完全照书本上抄，应按课堂要求并结合自己的体会来写。

(2)实验装置(仪器设备)：在科学实验中，仪器设备是根据实验原理的要求来配置的，书写时应记录：仪器的名称、型号、规格和数量(根据实验时实际情况如实记录，没有用到的不写，更不能照抄教材)；在科学实验中往往还要记录仪器的生产厂家、出厂日期和出厂编号，以便在核查实验结果时提供可靠依据；电磁学实验中普通连接导线不必记录，或写上导线若干即可。但特殊的连接电缆必须注明。

(3)实验原理：实验原理是科学实验的基本依据。实验设计是否合理，实验所依据的测量公式是否严密可靠，实验采用什么规格的仪器，要求精度如何，应在原理中交代清楚。

必须有简明扼要的语言文字叙述。通常教材可能过于详细，目的是便于学生阅读和理解。书写报告时不能完全照书本上抄，应该用自己的语言进行归纳阐述。文字务必清晰、通顺。

所用的公式及其来源，简要的推导过程。

为阐述原理而必要的原理图或实验装置示意图。如图不止一张，应依次编号，安插在相应的文字附近。

2. 预习报告要求言简意赅，但也不能过少，必须有必要的图、表。

3. 预习报告内容要求能反映实验所有环节，学生能直接看预习报告完成实验的内容。

二、过程报告的书写要求

过程报告是实验教学中最主要的部分，要求学生在实验室独立完成。过程报告包括：

仪器设备的记录：应详细注明仪器名称、精度、型号、编号等。要根据实验情况如实填写(填全所用实验仪器及耗材名称，没有用到的不写，更不能照抄教材)，以便在核查实验结果时提供可靠依据。

实验内容及实验数据记录：过程报告的实验内容与预习报告的实验内容侧重点不同。尤其是当实验操作过程同教材介绍的内容不一致时，一定要如实记录实验的步骤，设计性实验必须写出最终的实验步骤设计方案。根据测量所得如实地记录原始数据，并对数据进行列表。记录时按照测量工具或仪表的实际情况正确地表示出有效数字及单位。记录实验数据时不能使用铅笔，对数据的修改、删除要进行必要的说明。

实验中遇到的问题及解决方法：记录在实验过程中仪器调节、使用和数据读取记录时遇到的问题，并说明是如何解决的。

三、结果分析报告的书写要求

一份只有数据记录和结果计算的报告，其实只完成了测试操作人员的测试记录工作。至于数据结果的好坏、实验过程还存在哪些问题、还要在哪些方面进一步研究和完善，等等，都需要我们去思考、分析和判断，从而提高理论联系实际能力、综合能力和创新能力。结果分析报告是实验教学重要的组成部分，是学生对所做实验内容的总结，要求学生在实验课后独立完成。结果分析报告分以下步骤进行：

1. 首先应对实验结果作出合理判断。

如果仪器运行正常，步骤正确，操作无误，那就应该相信自己的测量结果是正确或基本正确的。

对某物理量经过多次测量所得结果差异不大时，也可判断自己的测量结果正确。

如果被测物理量有标准值(理论值、标称值、公认值或前人已有的测量结果)，应与之比较，求出差异。差异较大时应分析误差的原因：

仪器是否正常？是否经过校准？

实验原理是否完善？近似程度如何？

实验环境是否合乎要求？

实验操作是否得当?

数据处理方法是否准确无误?

2. 分析实验中出现的奇异现象。

如果出现偏离较大甚至很大的数据点或数据群，则应认真分析偏离原因，考虑是否将其剔除还是找出新规律。

无规则偏离时，主要考虑实验环境的突变、仪器接触不良、操作者失误等。

规则偏离时，主要考虑环境条件(温度、湿度、电源等)的变异、样品的差异(纯度、缺陷、几何尺寸不均等)。

如果能找出新的数据规律，则应考虑是否应该否定前人的结论。只有这样，才能在科学研究中有所创新。但要切实做到“肯定有据、否定有理”。

3. 实验数据的处理。

对于需要进行数值计算而得出实验结果的，测量所得的原始数据必须如实代入计算公式，不能在公式后立即写出结果。对结果需要进行不确定度分析(个别不确定度估算较为困难的实验除外)。写出实验结果的表达式(测量值、不确定度、单位)，实验结果的有效数字必须正确。若所测量的物理量有标准值，则应与实验结果进行比较，计算出相对误差。要求绘制图形的，一定要使用坐标纸，标明图中各坐标轴的名称和单位，注明单位标度，且标度要合理，需要通过图形计算物理量的，选点要合理，要有计算过程。

4. 对每个实验中提出的思考题作出回答。

问题可能有好几个，但不一定要面面俱到一一作答。宁可选择一两个自己有深刻体会的问题，用自己已掌握的理论知识和实践经验说深说透。

四、实验报告上交要求

1. 实验报告上交应由本人亲自投到指导教师的报告箱内。

2. 学生应在每周周一上交上周完成实验的实验报告。

附录 B 使用画图软件 Origin 处理实验数据

一、Origin 简介

Origin 是美国 Microcal 公司出品的数据分析和绘图软件，软件官网：http：//www.originlab.com/。

特点：使用简单，采用直观的、图形化的、面向对象的窗口菜单和工具栏操作，全面支持鼠标右键、支持拖放式绘图等。

两大类功能：数据分析和绘图。数据分析包括数据的排序、调整、计算、统计、频谱变换、曲线拟合等各种完善的数学分析功能。准备好数据后，进行数据分析时，只需选择所要分析的数据，然后再选择响应的菜单命令即可。Origin 的绘图是基于模板的，Origin 本身提供了几十种二维和三维绘图模板，而且允许用户自己定制模板。绘图时，只要选择所需要的模板即可。用户可以自定义数学函数、图形样式和绘图模板；可以和各种数据库软件、办公软件、图像、处理软件等方便地连接；可以用 C 等高级语言编写数据分析程序，还可以用内置的 LabTalk 语言编程等。

二、工作环境综述

类似 Office 的多文档界面，Origin 主要包括以下几个部分：

(1)菜单栏。位于顶部，一般可以实现大部分功能。

(2)工具栏。位于菜单栏下面，一般最常用的功能都可以通过工具栏实现。

(3)绘图区。位于中部，所有工作表、绘图子窗口等都在此，见图 F. B. 1。

(4)项目管理器。位于下部，类似资源管理器，可以方便切换各个窗口等。

(5)状态栏。位于底部，标出当前的工作内容，以及鼠标指到某些菜单按钮时的说明。

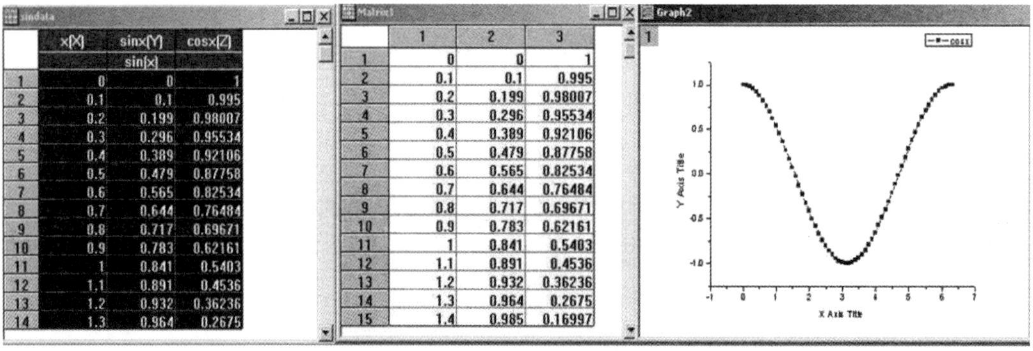

(a)工作表　　(b)矩阵　　(c)绘图

图 F. B. 1

三、菜单栏

菜单简要说明：

(1)File：文件功能操作。打开文件，输入、输出数据、图形等。

(2)Edit：编辑功能操作。包括数据和图像的编辑等，比如复制、粘贴、清除等，特别需注意 undo 功能。

(3)View：视图功能操作。控制屏幕显示。

(4)Plot：绘图功能操作。主要提供 5 类功能：

① 几种样式的二维绘图功能，包括直线、描点、直线加符号、特殊线/符号、条形图、柱形图、特殊条形图/柱形图和饼图。

② 三维绘图。

③ 气泡/彩色映射图、统计图和图形版面布局。

④ 特种绘图，包括面积图、极坐标图和向量。

⑤ 模板：把选中的工作表数据导入绘图模板。

(5) Column：列功能操作。比如设置列的属性，增加删除列等。

(6) Graph：图形功能操作。主要功能包括增加误差栏，函数图，缩放坐标轴，交换 X、Y 轴等。

(7) Data：数据功能操作。

(8) Analysis：分析功能操作。

① 对工作表窗口：提取工作表数据；行列统计；排序；数字信号处理(快速傅立叶变换 FFT、相关 Corelate、卷积 Convolute、解卷 Deconvolute)；统计功能(T-检验)、方差分析(ANOAV)、多元回归(Multiple Regression)；非线性曲线拟合等。

② 对绘图窗口：数学运算；平滑滤波；图形变换；FFT；线性多项式、非线性曲线等各种拟合方法。

(9) Plot3D：三维绘图功能操作。根据矩阵绘制各种三维条状图、表面图、等高线等。

(10) Matrix：矩阵功能操作。对矩阵的操作，包括矩阵属性、维数和数值设置，矩阵转置和取反，矩阵扩展和收缩，矩阵平滑和积分等。

(11) Tools ：工具功能操作。

① 对工作表窗口：选项控制；工作表脚本；线性、多项式和 S 曲线拟合。

② 对绘图窗口：选项控制；层控制；提取峰值；基线和平滑；线性、多项式和 S 曲线拟合。

(12) Format：格式功能操作。

① 对工作表窗口：菜单格式控制、工作表显示控制，栅格捕捉、调色板等。

② 对绘图窗口：菜单格式控制；图形页面、图层和线条样式控制，栅格捕捉，坐标轴样式控制和调色板等。

(13) Window：窗口功能操作，控制窗口显示。

(14) Help：帮助。

四、基本操作

作图的一般需要一个项目 Project 来完成，File→New。

保存项目的缺省后缀为：OPJ。

自动备份功能：Tools→Option→Open/Close 选项卡→“Backup Project Before Saving”。

添加项目：File→Append。

刷新子窗口：如果修改了工作表或者绘图子窗口的内容，一般会自动刷新，如果没有 Window→Refresh。

五、应用举例

接下来以硅光电池的伏安特性曲线为例展示如何使用 Origin 进行数据处理。

(1) 首先打开 Origin 软件，界面如图 F. B. 2 所示。

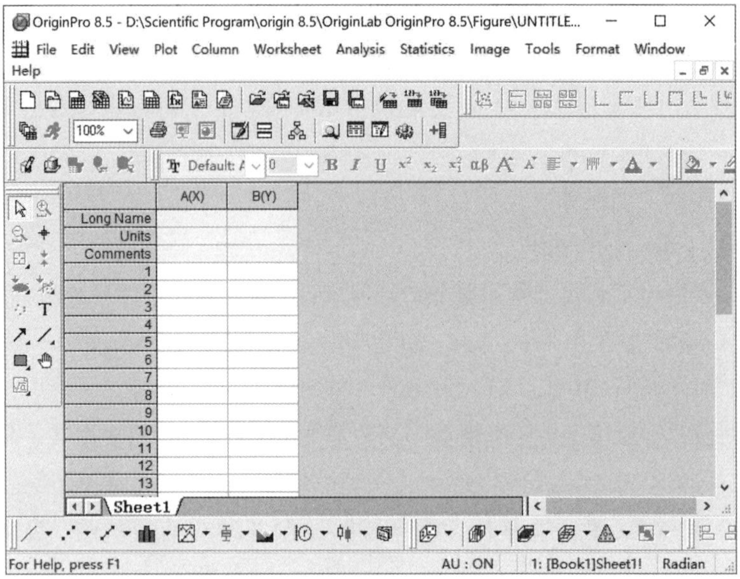

图 F. B. 2

(2)点击 Column 选项，选择 Add New Columns…，如图 F. B. 3 所示，生成新的一列，如图 F. B. 4 所示。

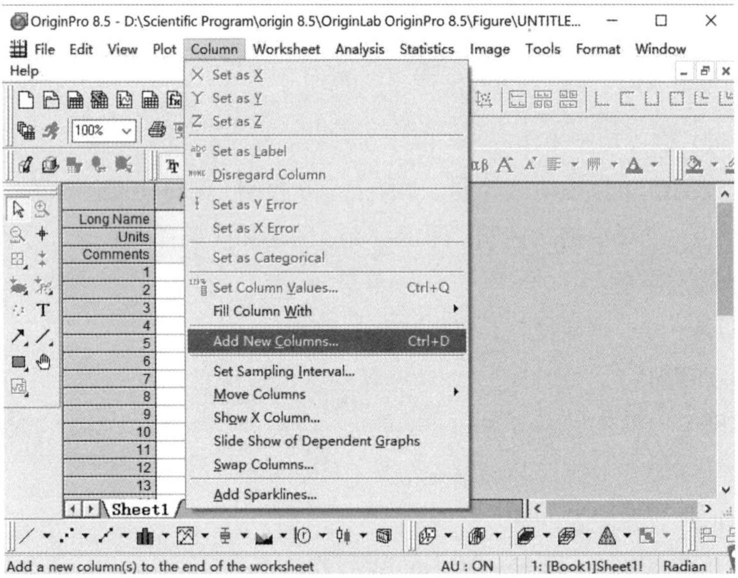

图 F. B. 3

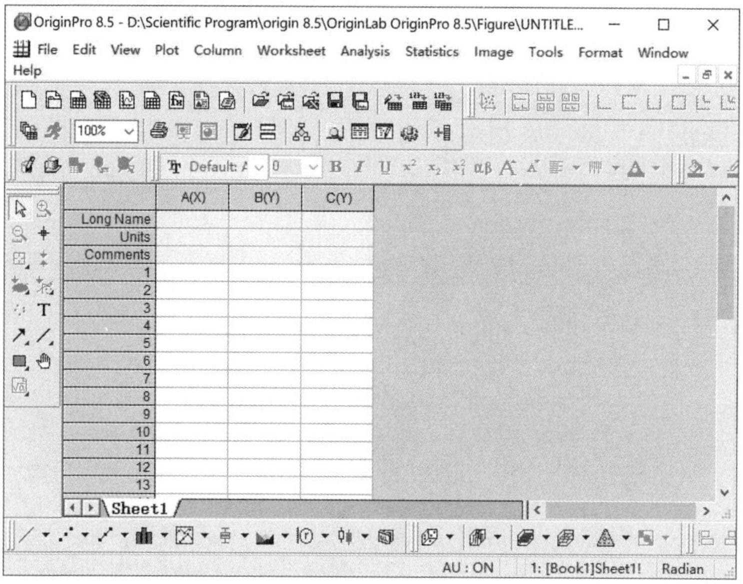

图 F. B. 4

（3）将实验表 1 测得的不同照度下的电流和电压值填入列表，如图 F. B. 5 所示。

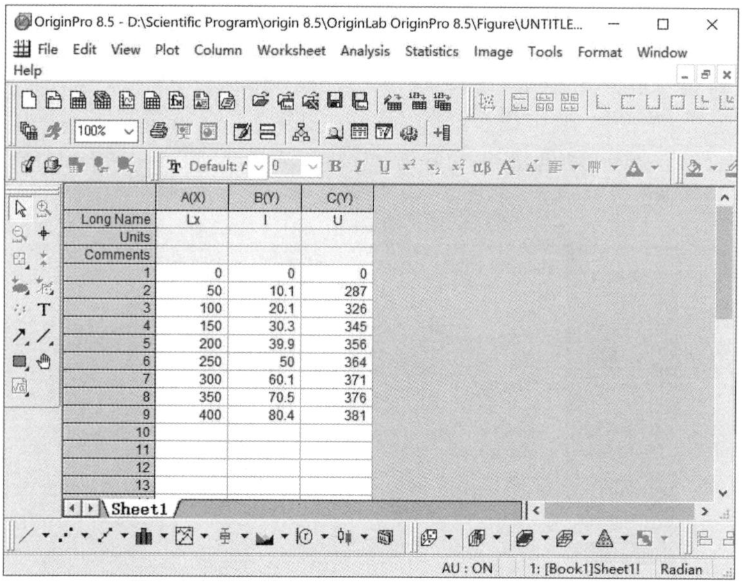

图 F. B. 5

（4）点击列表左上角区域，选中三列数据，如图 F. B. 6 所示。

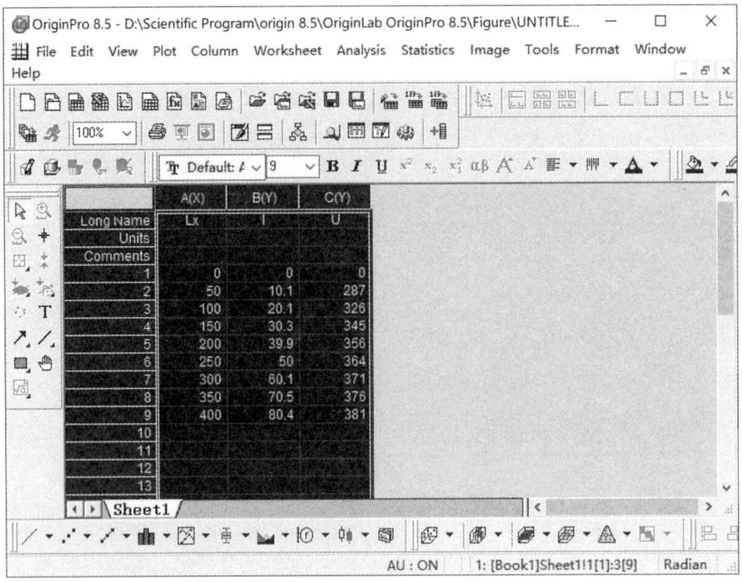

图 F. B. 6

(5)点击左下方作图工具栏 的黑三角，在下拉菜单选择 Double-Y，如图 F. B. 7 所示。

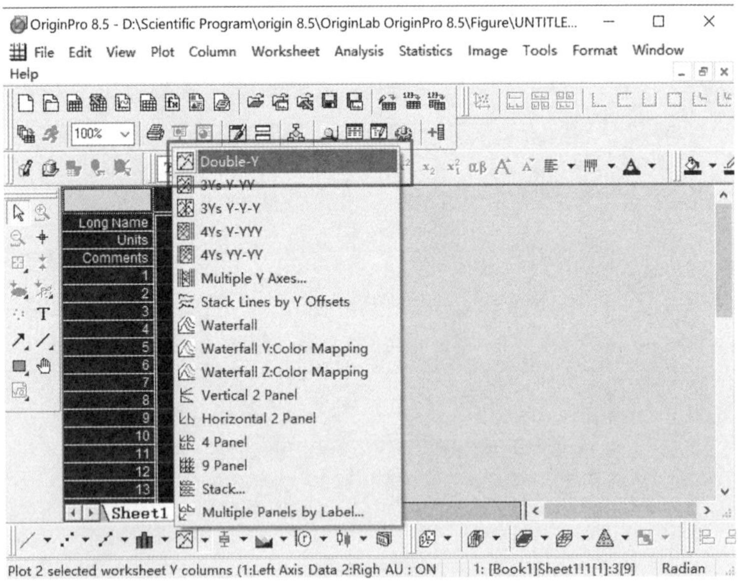

图 F. B. 7

(6)生成如图 F. B. 8 所示图片。接下来修改横纵坐标 Title。双击 Title“I”，重新输入新的 Title，如“I(μA)”。然后选中 Title，点击上方字体工具栏选择合适的字体和字号。

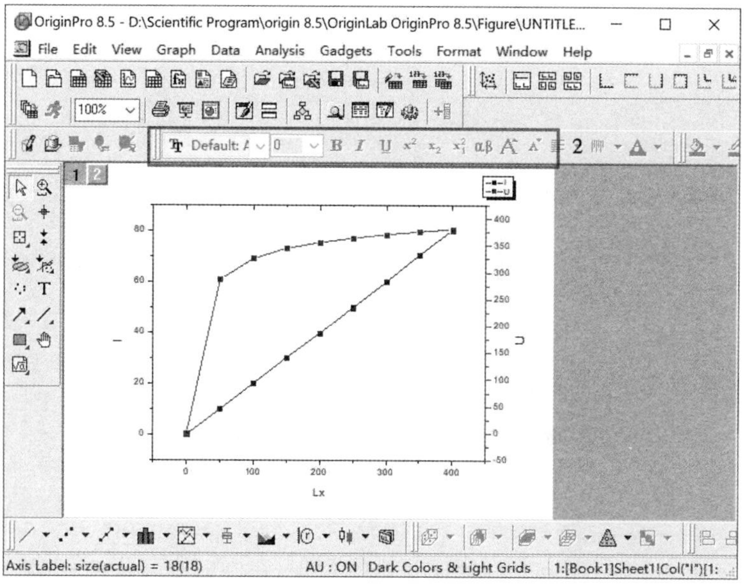

图 F. B. 8

(7)依次修改横纵坐标 Title。选中坐标数值，在字体工具栏修改坐标值字号，如图 F. B. 9 所示。

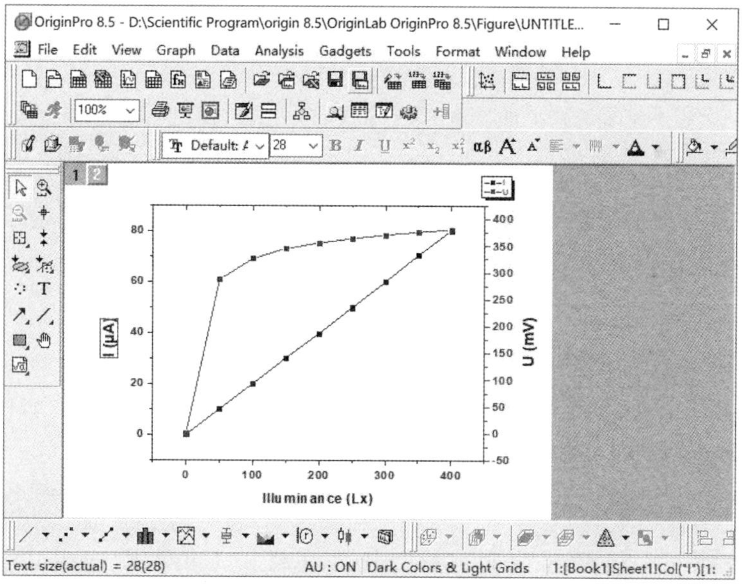

图 F. B. 9

(8)之后导出图片，点击 File，选择 Export Graphs→Open Dialog…，如图 F. B. 10 所示，弹出图 F. B. 11 对话框。

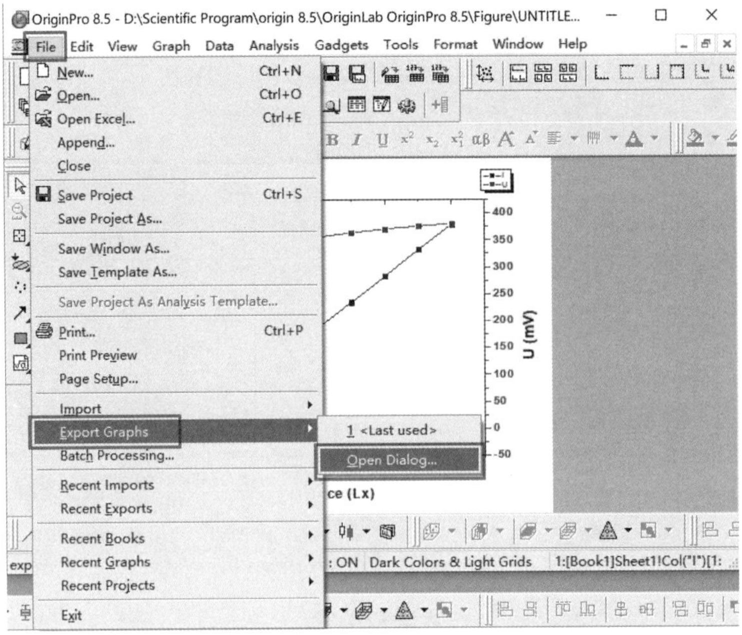

图 F. B. 10

(9)选择导出图片类别，推荐 tif 或 PNG 格式，并依次修改文件名称[File Name(s)]和图片存储地址(Path)，如图 F. B. 11 所示。

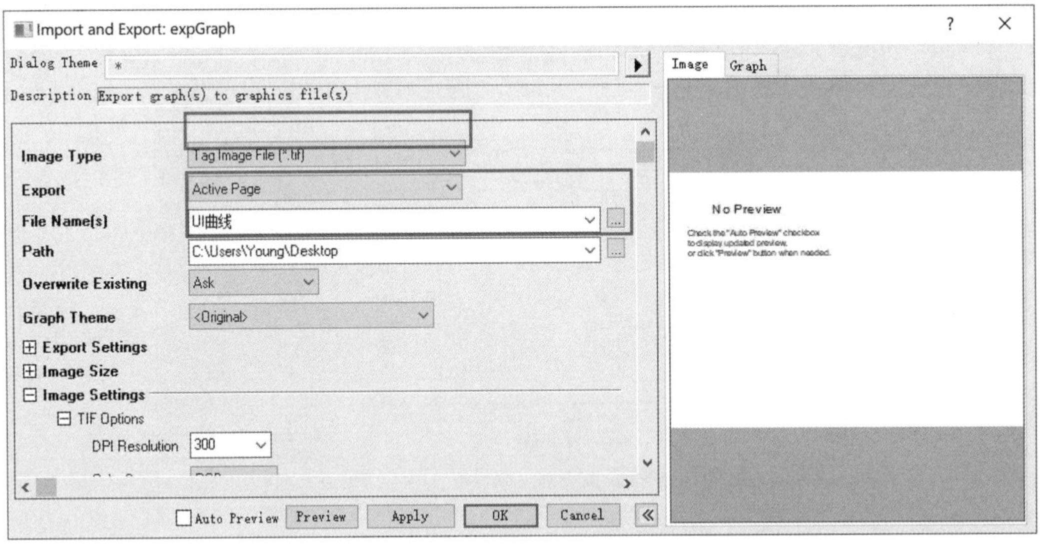

图 F. B. 11

(10)保存文件，选择 File→Save Project，如图 F. B. 12 所示以便后续数据读取和编辑。

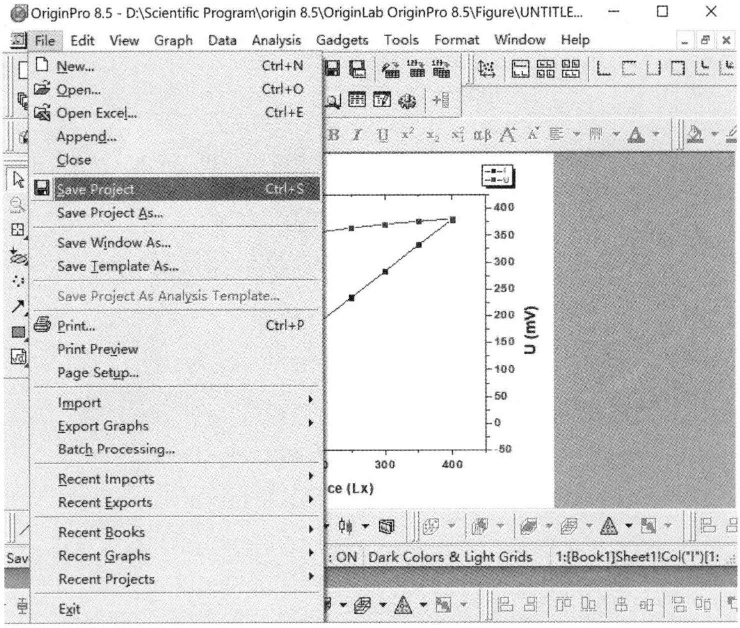

图 F. B. 12

附录 C 常用物理数据

表 F. C. 1 基本物理常量

物 理 量	符号	数值：计算用值	数值：最 佳 值	不确定度/($\times10^{-6}$)
真空中的光速	c	3.0×10^{8}m/s	299 792 458m/s	精确
真空磁导率	μ_0	$4\pi\times10^{-7}$N/A^2	$4\pi\times10^{-7}$N/A^2 1. 256 637 061 4$\times10^{-6}$N/A^2	精确
真空电容率	ε_0	8. 85$\times10^{-12}$F/m	8. 854 187 817$\times10^{-12}$ F/m	精确
万有引力常量	G	6. 67$\times10^{-11}$m^3/(kg · s^2)	6. 672 59(85)$\times10^{-11}$ m^3/(kg · s^2)	128
约化普朗克常量	h	6. 63$\times10^{-34}$J · s	6. 626 075 5(40)$\times10^{-34}$J · s	0. 60
	$\hbar$	1. 05$\times10^{-34}$J · s	1. 054 572 66(63)$\times10^{-34}$J · s	0. 60
阿伏伽德罗常量	N_A	6. 022$\times10^{23}$	6. 022 136 7(36)$\times10^{23}$	0. 59
摩尔气体常量	R	8. 31J/(mol · K)	8. 314 510(70)J/(mol · K)	8. 4
玻尔兹曼常量	k_B	1. 38$\times10^{-23}$J/K	1. 380 658(12)$\times10^{-23}$J/K	8. 4
斯特藩-玻尔兹曼常量	σ	5. 67$\times10^{-8}$W/(m^2 · K^4)	5. 670 51(19)$\times10^{-8}$W/(m^2 · K^4)	34

表F.C.1(续)

物理量	符号	数值		不确定度/($\times10^{-6}$)
		计算用值	最佳值	
维恩位移定律常量	b	2.897×10^{-3}m·K^4	$2.897\ 756(24)\times10^{-3}$m·K^4	8.4
摩尔体积(理想气体，$T=273.15$K，$p=101\ 325$Pa)	V_m	22.4×10^{-3}m^3/mol	$22.414\ 10(19)\times10^{-3}$m^3/mol	8.4
基本电荷	e	1.60×10^{-19}C	$1.602\ 177\ 33(49)\times10^{-19}$C	0.30
电子质量	m_e	9.11×10^{-31}kg	$9.109\ 389\ 7(49)\times10^{-31}$kg	0.59
质子质量	m_p	1.67×10^{-27}kg	$1.672\ 623\ 1(10)\times10^{-27}$kg	0.59
中子质量	m_n	1.67×10^{-27}kg	$1.674\ 928\ 6(10)\times10^{-27}$kg	0.59
经典电子半径	r_e	2.82×10^{-15}kg	$2.817\ 940\ 92(38)\times10^{-15}$ kg	0.13
玻尔半径	a_0	5.29×10^{-11}m	$5.291\ 772\ 49(24)\times10^{-11}$m	0.045
电子比荷	e/m	1.76×10^{11}C/kg	$1.758\ 819\ 62(53)\times10^{11}$C/kg	0.30
电子磁矩	μ_e	9.28×10^{-24}J/T	$9.284\ 770\ 1(31)\times10^{-24}$J/T	0.34
质子磁矩	μ_p	1.41×10^{-26} J/T	$1.410\ 607\ 61(47)\times10^{-26}$ J/T	0.34
中子磁矩	μ_n	0.966×10^{-26}J/T	$0.966\ 237\ 07(40)\times10^{-26}$J/T	0.41
康普顿波长	λ_C	2.43×10^{-12}m	$2.426\ 310\ 58(22)\times10^{-12}$m	0.089
磁通量子，$h/2e$	Φ	2.07×10^{-15}Wb	$2.067\ 834\ 61(61)\times10^{-15}$Wb	0.30
玻尔磁子，$\frac{e\hbar}{2m_e}$	μ_B	9.27×10^{-24}J/T	$9.274\ 015\ 4(31)\times10^{-24}$J/T	0.34
核磁子	μ_N	5.05×10^{-27} J/T	$5.050\ 786\ 6(17)\times10^{-27}$J/T	0.34
里德伯常量	R_∞	1.097×10^7/m	$1.097\ 373\ 153\ 4(13)\times10^7$/m	0.0012
原子质量单位	m_u	1.66×10^{-27}kg 931.5MeV/c^2	$1.660\ 540\ 2(10)\times10^{-27}$kg	0.59
1埃	Å	1Å$=1\times10^{-10}$m		
1光年	l.y.	1l.y$=9.46\times10^{15}$m		
1电子伏(特)	eV	1eV$=1.602\times10^{-19}$J		0.30
1特(斯拉)	T	1T$=1\times10^{-4}$G		
热功当量	J	1卡=4.1840焦耳		
标准大气压	P_0	$101\ 325\times10^{-3}$Pa		
冰点绝对温度	T_0	273.15K		

表F. C. 1(续)

物理量	符号	数值 计算用值	数值 最佳值	不确定度/(×10^{-6})
标准状态下声音在空气中传播速度	v_0	331. 46m/s		
钠光谱中黄线波长	D	589. 3×10^{-9}m		
镉光谱中红线波长	λ_{Cd}	643. 846 96×10^{-9}m		

表 F. C. 2　20℃时部分固体和液体的密度

物质	密度 ρ/(kg·m^{-3})	物质	密度 ρ/(kg·m^{-3})
铝	2 698. 9	钢	7 600~7 900
铜	8 960	石英	2 500~2 800
铁	7 874	水晶玻璃	2 900~3 000
银	10 500	冰(0℃)	880~920
金	19 320	乙醇	789. 4
钨	19 300	乙醚	714
铂	21 450	汽车用汽油	710~720
铅	11 350	弗利昂-12(氟氯烷-12)	1 329
锡	7 298	变压器油	840~890
水银	13 546. 2	甘油	1 260

表 F. C. 3　在标准大气压下不同温度时水的密度

温度 t/℃	密度 ρ /(kg·m^{-3})	温度 t/℃	密度 ρ /(kg·m^{-3})	温度 t/℃	密度 ρ /(kg·m^{-3})
0	999. 841	16	998. 943	32	995. 025
1	999. 900	17	998. 774	33	994. 702
2	999. 941	18	998. 595	34	994. 371
3	999. 965	19	998. 405	35	994. 031
4	999. 973	20	998. 203	36	993. 68
5	999. 965	21	997. 992	37	993. 33
6	999. 941	22	997. 770	38	992. 96
7	999. 902	23	997. 538	39	992. 59
8	999. 849	24	997. 296	40	992. 21
9	999. 781	25	997. 044	50	988. 04
10	999. 700	26	996. 783	60	983. 21
11	999. 605	27	996. 512	70	977. 78
12	999. 498	28	996. 232	80	971. 80
13	999. 377	29	995. 944	90	965. 31
14	999. 244	30	995. 646	100	958. 35
15	999. 099	31	995. 340		

表 F.C.4　在海平面上不同纬度处的重力加速度

纬度 φ/(°)	g/(kg·m^{-2})	纬度 φ/(°)	g/(kg·m^{-2})
0	9.780 49	50	9.810 79
5	9.780 88	55	9.815 15
10	9.782 04	60	9.819 24
15	9.783 94	65	9.822 94
20	9.786 52	70	9.826 14
25	9.789 69	75	9.828 73
30	9.783 38	80	9.830 65
35	9.797 46	85	9.831 82
40	9.801 80	90	9.832 21
45	9.806 29		

表 F.C.5　在 20℃时某些金属的弹性模量(杨氏模量)

金　属	杨氏模量 Y	
	GPa	N·mm^{-2}
铝	69~70	68 600~69 580
钨	407	406 700
铁	186~206	186 200~205 800
铜	103~127	102 900~127 400
金	77	77 420
银	69~80	68 600~80 360
锌	78	78 400
镍	203	200 900
铬	235~245	235 200~245 000
合金钢	206~216	205 800~215 600
碳钢	196~206	196 000~205 800
康铜	160	159 740

表 F.C.6　不同温度时水的黏滞系数

温度/℃	黏滞系数 η/		温度/℃	黏滞系数 η/	
	μPa·s×10^{-6}	N·s/mm^2		μPa·s×10^{-6}	N·s/mm^2
0	1787.8	1786.54	60	469.7	47.9
10	1305.3	1304.38	70	406.0	41.4
20	1004.2	1003.52	80	355.0	36.2
30	801.2	800.66	90	314.8	32.1
40	653.1	652.68	100	282.5	28.8
50	549.2	548.8			

表 F. C. 7 某些液体的黏滞系数

液体	温度/℃	η/(μPa·s)	液体	温度/℃	η/(μPa·s)
汽油	0	1 788	甘油	-20	1.34×10^8
	18	530		0	1.21×10^7
甲醇	0	817		20	1.499×10^6
	20	584		100	12 945
乙醇	-20	2 780	蜂蜜	20	6.50×10^6
	0	1 780		80	1.00×10^5
	20	1 190	鱼肝油	20	45 600
乙醚	0	296		80	4 600
	20	243	水银	-20	1 855
变压器	20	19 800		0	1 685
蓖麻油	10	2.42×10^6		20	1 554
葵花子油	20	50 000		100	1 224

表 F. C. 8 不同温度时干燥空气中的声速 单位：m/s

温度/℃	0	1	2	3	4	5	6	7	8	9
60	366.05	366.60	367.14	367.69	368.24	368.78	369.33	369.87	370.42	370.96
50	360.51	361.07	361.62	362.18	362.74	363.29	363.84	364.39	364.95	365.50
40	354.89	355.46	356.02	356.58	357.15	357.71	358.27	358.83	359.39	359.95
30	349.18	349.75	350.33	350.90	351.47	352.04	352.62	353.19	353.75	354.32
20	343.37	343.95	344.54	345.12	345.70	346.29	346.87	347.44	348.02	348.60
10	337.46	338.06	338.65	339.25	339.84	340.43	341.02	341.61	342.20	342.58
0	331.45	332.06	332.66	333.27	333.87	334.47	335.07	335.67	336.27	336.87
-10	325.33	324.71	324.09	323.47	322.84	322.22	321.60	320.97	320.34	319.52
-20	319.09	318.45	317.82	317.19	316.55	315.92	315.28	314.64	314.00	313.36
-30	312.72	312.08	311.43	310.78	310.14	309.49	308.84	308.19	307.53	306.88
-40	306.22	305.56	304.91	304.25	303.58	302.92	302.26	301.59	300.92	300.25
-50	299.58	298.91	298.24	397.56	296.89	296.21	295.53	294.85	294.16	293.48
-60	292.79	292.11	291.42	290.73	290.03	289.34	288.64	287.95	287.25	286.55
-70	285.84	285.14	284.43	283.73	283.02	282.30	281.59	280.88	280.16	279.44
-80	278.72	278.00	277.27	276.55	275.82	275.09	274.36	273.62	272.89	272.15
-90	271.41	270.67	269.92	269.18	268.43	267.68	266.93	266.17	265.42	264.66

注：横坐标是纵坐标的个位数字，每一列代表具体的温度：例如第一排分别代表 60，61，62，63，64，65，66，67，68，69 ℃。

表 F. C. 9　某些固体的比热容

固　体	比热容/(J·kg^{-1}·K^{-1})	固　体	比热容/(J·kg^{-1}·K^{-1})
铝	908	铁	460
黄铜	389	钢	450
铜	385	玻璃	670
康铜	420	冰	2 090

表 F. C. 10　某些液体的比热容

液体	比热容/(J·kg^{-1}·K^{-1})	温度/℃	液体	比热容/(J·kg^{-1}·K^{-1})	温度/℃
乙醇	2 300	0	水银	146.5	0
	2 470	20		139.3	20

表 F. C. 11　不同温度时水的比热容

温度/℃	0	5	10	15	20	25	30
比热容/(J·kg^{-1}·K^{-1})	4217	4202	4192	4186	4182	4179	4178

表 F. C. 12　某些金属和合金的电阻率及其温度系数

金属或合金	电阻率/($\times10^{-6}$ Ω·m)	温度系数/℃$^{-1}$	金属或合金	电阻率/($\times10^{-6}$ Ω·m)	温度系数/℃$^{-1}$
铝	0.028	4.2×10^{-5}	锌	0.059	4.2×10^{-5}
铜	0.017 2	4.3×10^{-5}	锡	0.12	4.4×10^{-5}
银	0.016	4.0×10^{-5}	水银	0.958	1.0×10^{-5}
金	0.024	4.0×10^{-5}	武德合金	0.52	3.7×10^{-5}
铁	0.098	6.0×10^{-5}	钢(0.10%~0.15%碳)	0.10~0.14	6×10^{-3}
铅	0.205	3.7×10^{-5}	康铜	0.47~0.51	$(-4\sim+1)\times10^{-5}$
铂	0.105	3.9×10^{-5}	铜锰镍合金	0.34~1.00	$(-3\sim+2)\times10^{-5}$
钨	0.055	4.8×10^{-5}	镍铬合金	0.98~1.10	$(3\sim40)\times10^{-5}$

表 F. C. 13　不同金属或合金与铂(化学纯)构成热电偶的热电动势(热端在 100 ℃，冷端在 0℃时)

金属或合金	热电动势/mV	连续使用温度/℃	短时使用最后温度/℃
95%Ni+5%(Al,Si,Mn)	−1.38	1 000	1250
钨	+0.79	2 000	2500
手工制造的铁	+1.87	600	800
康铜(60%Cu+40%Ni)	−3.5	600	800
康铜(56%Cu+44%Ni)	−4.0	600	800
制导线用铜	+0.75	350	500
镍	−1.5	1 000	1 100

表F. C. 13(续)

金属或合金	热电动势/mV	连续使用温度/℃	短时使用最后温度/℃
镍铬合金(80%Ni+20%Cr)	+2. 5	1 000	1 100
镍铬合金(90%Ni+10%Cr)	+2. 71	1 000	1 250
铂铱合金(90%Pt+10%Ir)	+1. 3	1 000	1 200
铂铑合金(90%Pt+10%Rh)	+0. 64	1 300	1 600
银	+0. 72	600	700

表 F. C. 14 几种标准温差电偶

名 称	分度号	100 ℃时的电动势/mV	使用温度范围/℃
铜-康铜(Cu55Ni45)	CK	4. 26	-200~300
镍铬(Cr9~10Si0. 4Ni90)-康铜(Cu56~57Ni43~44)	EA-2	6. 95	-200~800
镍铬(Cr9~10Si0. 4Ni90)-镍硅(Si2. 5~3Co<0. 6Ni97)	EV-2	4. 10	1 200
铂铑(Pt90Rh10)-铂	LB-3	0. 643	1 600
铂铑(Pt70Rh30)-铂铑(Pt94Rh6)	LL-2	0. 034	1 800

表 F. C. 15 铜-康铜热电偶的温差电动势(自由端温度 0℃) 单位: mV

康铜的温度/℃	铜的温度/℃										
	0	10	20	30	40	50	60	70	80	90	100
0	0. 000	0. 389	0. 787	1. 194	1. 610	2. 035	2. 468	2. 909	3. 357	3. 813	4. 277
100	4. 227	4. 749	5. 227	5. 712	6. 204	6. 702	7. 207	7. 719	8. 236	8. 759	9. 288
200	9. 288	9. 823	10. 363	10. 909	11. 459	12. 014	12. 575	13. 140	13. 710	14. 285	14. 864
300	14. 864	15. 448	16. 035	16. 627	17. 222	17. 821	18. 424	19. 031	19. 642	20. 256	20. 873

表 F. C. 16 在常温下某些物质相对于空气的光的折射率

物 质	H_α 线(656. 3 nm)	D 线(589. 3 nm)	H_β 线(486. 1 nm)
水(18 ℃)	1. 331 4	1. 333 2	1. 337 3
乙醇(18 ℃)	1. 360 9	1. 362 5	1. 366 5
二硫化碳(18 ℃)	1. 619 9	1. 629 1	1. 654 1
冕玻璃(轻)	1. 512 7	1. 515 3	1. 521 4
冕玻璃(重)	1. 612 6	1. 615 2	1. 621 3
燧石玻璃(轻)	1. 603 8	1. 608 5	1. 620 0
燧石玻璃(重)	1. 743 4	1. 751 5	1. 772 3
方解石(寻常光)	1. 654 5	1. 658 5	1. 667 9

表F. C. 16(续)

物　质	H_α 线(656. 3 nm)	D 线(589. 3 nm)	H_β 线(486. 1 nm)
方解石(非常光)	1. 484 6	1. 486 4	1. 490 8
水晶(寻常光)	1. 541 8	1. 544 2	1. 549 6
水晶(非常光)	1. 550 9	1. 553 3	1. 558 9

表 F. C. 17　常用光源的谱线波长表　　单位：nm

H(氢)	He(氦)	Ne(氖)	Na(钠)	Hg(汞)	He-Ne 激光
656. 28 红	706. 52 红	650. 65 红	589. 592(D_1)黄	623. 44 橙	32. 8 橙
486. 13 绿蓝	667. 82 红	640. 23 橙	588. 995(D_2)黄	579. 07 黄	
434. 05 蓝	587. 56(D_3)黄	638. 30 橙		576. 96 黄	
410. 17 蓝紫	501. 57 绿	626. 25 橙		546. 07 绿	
397. 01 蓝紫	492. 19 绿蓝	621. 73 橙		491. 60 绿蓝	
	471. 31 蓝	614. 31 橙		435. 83 蓝	
	447. 15 蓝	588. 19 黄		407. 78 蓝紫	
	402. 62 蓝紫	585. 25 黄		404. 66 蓝紫	
	388. 87 蓝紫				

表 F. C. 18　空气的密度　　单位：kg/m³

温度	压强						
	95950 Pa	97300 Pa	98630 Pa	99960 Pa	101290 Pa	102630 Pa	103960 Pa
0 ℃	1. 225	1. 242	1. 259	1. 276	1. 293	1. 310	1. 327
4 ℃	1. 207	1. 224	1. 241	1. 258	1. 274	1. 291	1. 308
8 ℃	1. 190	1. 207	1. 223	1. 240	1. 256	1. 273	1. 289
12 ℃	1. 173	1. 190	1. 206	1. 222	1. 238	1. 255	1. 271
16 ℃	1. 157	1. 173	1. 189	1. 205	1. 221	1. 237	1. 253
20 ℃	1. 141	1. 157	1. 173	1. 189	1. 205	1. 220	1. 236
24 ℃	1. 126	1. 141	1. 157	1. 173	1. 188	1. 204	1. 220
28 ℃	1. 111	1. 126	1. 142	1. 157	1. 173	1. 188	1. 203

表 F. C. 19　32 种结晶学点群

对称特性	对称特性	国际符号	完全国际符号	对称特点	对称元素
21 种非中心对称	11 种纯旋转结晶学点群	1	1		E
		2	$\bar{1}$		E, i
		3			
		4			
		6			
		222			
		32			
		422			
		622			
		23			
		432			
	10 种新点群	m		一个二次旋转轴，镜面对称	
		mm2			
		$\bar{4}$			
		$\bar{4}$m2			
		4mm			
		3m			
		$\bar{6}$			
		$\bar{6}$m2			
		6mm			
		$\bar{4}$3m			